卡哇伊
造型蛋黃酥
小資創業最讚、在家接單必會、
節慶送禮首選的中式烘焙點心
造型蛋黃酥女王 王美姬◎著
朱雀文化

作者序

一吃難忘，令人驚豔的美味——蛋黃酥

第一次吃蛋黃酥，是我剛從內蒙古嫁來台灣的那一年，
看著眼前這一顆好像月球的金黃點心，
無法想像竟是如此令人驚豔的美味。
一口咬下，酥香的外皮、香甜的紅豆餡、鹹香的鴨蛋黃、
還有表皮烤香的黑芝麻，迸發出絕妙的好滋味！
一口接一口，完全停不下來，不經感慨，
設計出這道點心的師傅，真的是了不起的點心大師。

酥皮點心的外皮由油皮與油酥組成，兩份材料只差在有無水份，
麵粉遇到水產生筋性，製作出有延展性的油皮；
麵粉和油脂混合成可以將油皮分層的油酥，一柔一剛，
造就出迷人層次。

很開心可以將這份點心，結合創意美學，
設計出顏值與美味兼具的創意造型，讓傳統美味更添可愛趣味。

希望這本食譜，可以幫助您在製作蛋黃酥時更容易上手，
趣味創意造型增添更多手作樂趣，為傳統佳節伴手禮更添美意！

祝福您闔家團圓、幸福康健

2022.7 於台中

目錄
CONTENTS

PART 01
材料、器具和基本工

PART 02

造型蛋黃酥

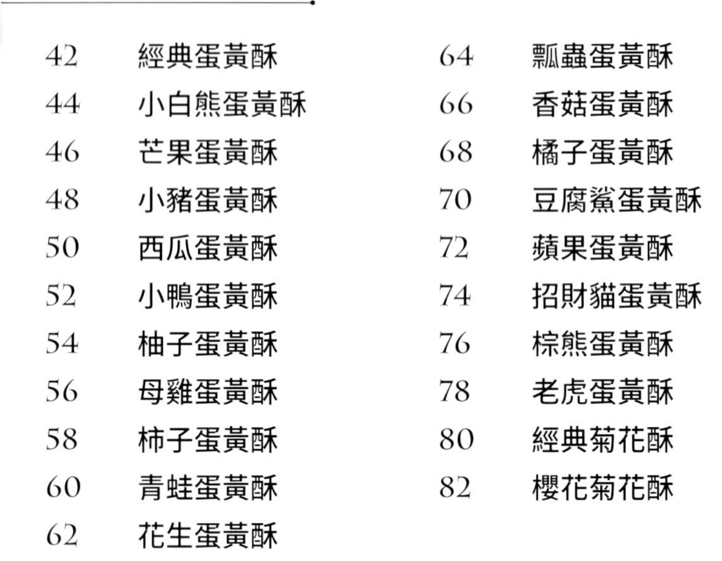

PART 03

造型千層酥

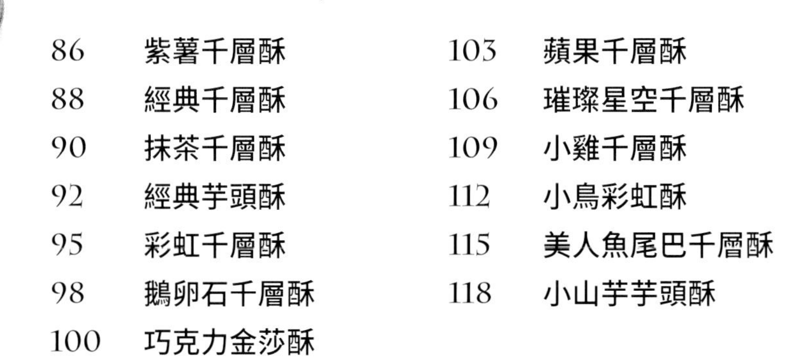

PART 04
蛋黃酥／千層酥製作 Q&A

PART 01

材料、器具和基本工

認識製作器具

以下是製作造型蛋黃酥／千層酥所需要使用的工具，並不是每一項都要擁有才能做出漂亮的成品，也可以利用家裡現有的類似工具製作。

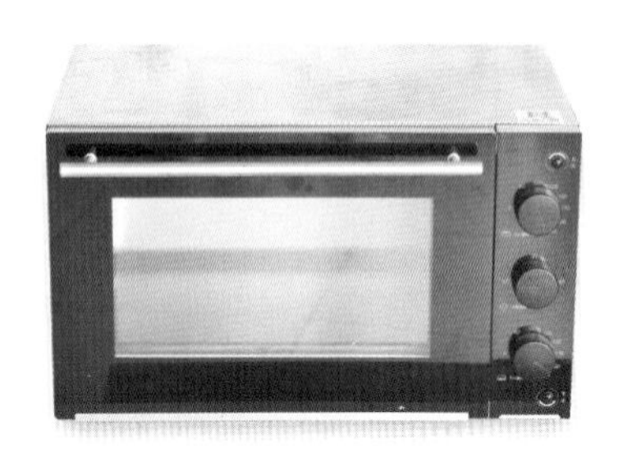

烤箱

一般家用型烤箱即可，不需要刻意選用哪種品牌，即使是小型烤箱，也能烤出美味的蛋黃酥／千層酥。建議多和烤箱培養感情，了解它的實際溫度，就能做出漂亮又好吃的造型蛋黃酥／千層酥。

鋼盆

製作蛋黃酥／千層酥外皮或是製作內餡時，都需要使用到。

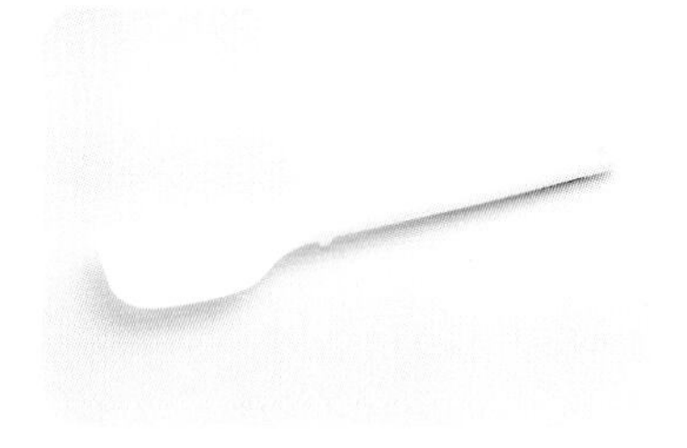

橡皮刮刀

製作蛋黃酥／千層酥外皮或是製作內餡時，需要利用它切拌食材。

饅頭紙（烘焙紙）

蛋黃酥／千層酥製作過程，可以用來置放半成品及成品，便於移動半成品。

大小篩網

用來過篩麵粉。

不沾鍋

炒製內餡時使用，因為不沾的效果，讓製作內餡時更方便簡單。

瓦斯爐

一般家用的瓦斯爐即可。

切割小刀

做蛋黃酥／千層酥造型切割線條時使用，刀背可用來做割痕等。此款小刀刀鋒不利，不會輕易割傷手。

雕塑工具組

有些特殊的造型，需要用到雕塑工具，才能讓造型更加到位。這種雙頭設計，共有 16 款工具可使用的雕塑工具，可以完成造型蛋黃酥／千層酥塑形上的許多小細節，非常值得推薦。

電子秤
（最小可以秤重到 0.1 克）

秤量各種食材的好工具，因蛋黃酥／千層酥麵團份量小，所搭配的配件使用到的麵團亦不大，建議使用最小可以秤重到 0.1 克的電子秤才順手。

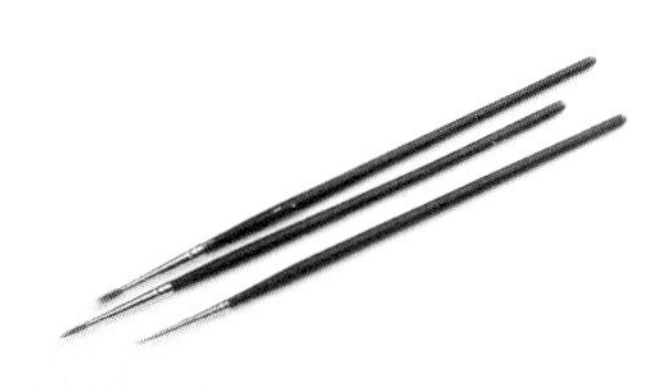

小筆刷

用來黏貼或彩繪麵團時使用。

擀麵棍

擀平麵皮用。因為蛋黃酥／千層酥麵團體積不大，建議 30 公分長較好操作。

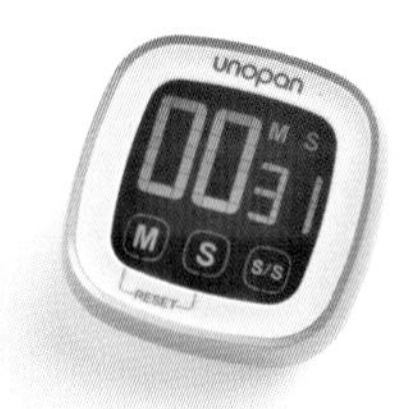

計時器

計時烘烤時間的最佳工具。

量匙

烘焙料理好幫手。

牙籤

用來做出橘子蛋黃酥的表皮。

手套

烘烤蛋黃酥／千層酥時烤箱溫度很高，建議使用手套確保安全。

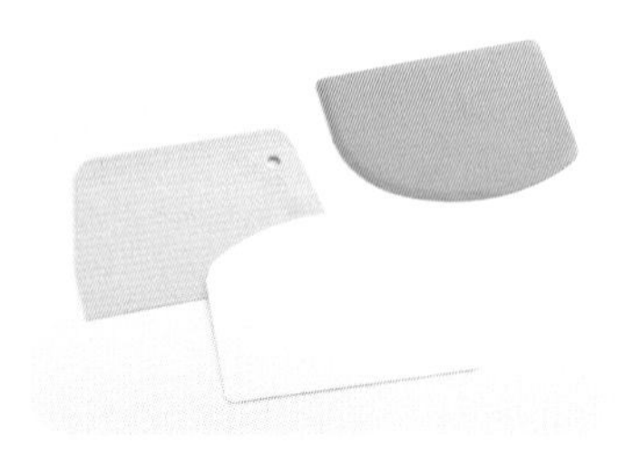

刮板

用來分割麵團及切拌油酥時使用。

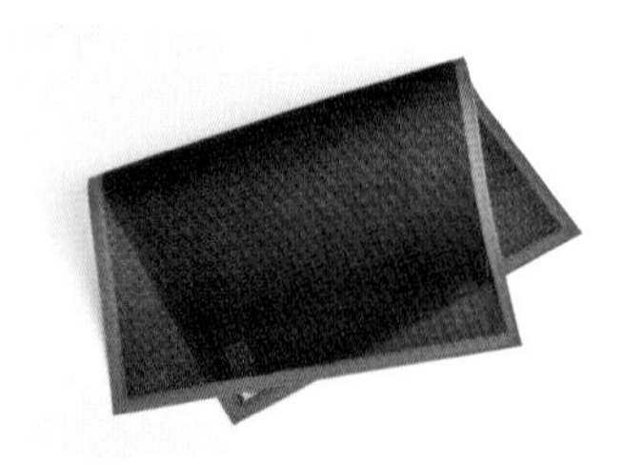

網狀（洞洞）烤墊

烘烤蛋黃酥／千層酥時使用，烤出較美的烤色。如果家中沒有網狀（洞洞）烤墊，直接放在烤盤上即可。

麵點夾

用來夾出花生蛋黃酥外皮的工具。

電動攪拌器

用來攪拌混合原料。

金色錫箔紙

巧克力金莎酥的外包裝，感覺就是大顆的金莎巧克力。

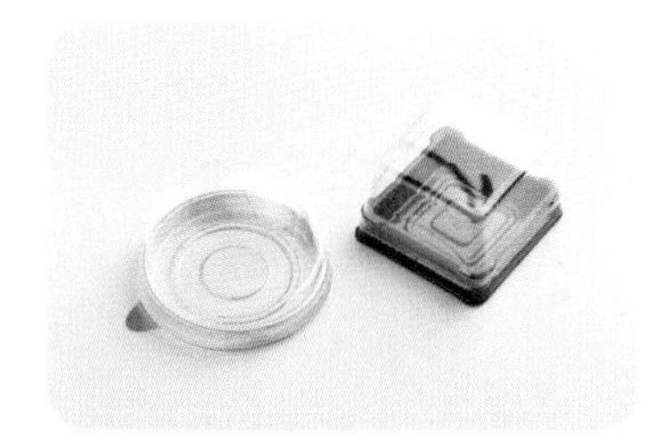

包裝盒

單粒蛋黃酥／千層酥包裝，讓成品更具質感。

包裝袋

裝入包裝盒裡，再放入袋中，就是超精美的伴手禮。

認識製作材料

以下介紹製作造型蛋黃酥／千層酥所需的材料，大多很常見，在一般超市及烘焙材料行都可以買到。

無水奶油

一般蛋黃酥／千層酥通常使用無水奶油，這款茉依亞無水奶油來自紐西蘭，為純動物奶油製作，帶有堅果香氣，能完美呈現酥皮點心作品。

芋頭

選用台灣在地的芋頭。

鹹鴨蛋

蛋黃酥／千層酥裡面美味的來源之一。使用信譽店家的鹹鴨蛋，才能讓作品更美味。

奶粉

麵粉中增加奶粉，可以添加酥皮的香氣。

中／低筋麵粉

製作油皮和油酥的材料

麥芽糖

製作蛋黃酥內餡時使用，可以讓內餡的風味更豐富。

天然色粉

本書蛋黃酥／千層酥所使用的調色粉，計有梔子黃／綠／藍／紫、紅麴色素、甘薯紫等，全部以自然食材製成，沒有任何化學成分，是讓造型蛋黃酥色彩更繽紛的祕密武器。尤其坊間可選擇小包裝天然色素系列產品，讓小量需求使用者也可以方便購得。目前顏色非常多元，但只要擁有紅黃綠三原色就可以做出不同的複合色，讀者可以自行創造。使用天然色粉時，需將粉：水＝1：1先調勻，再放入蛋黃酥／千層酥油皮或酥皮麵團裡使用。

天然蔬果粉

本書蛋黃酥／千層酥使用的天然蔬果粉，計有竹炭粉、抹茶粉、可可粉及紫薯粉，也都是以天然食材製作而成，完全不加人工色素。使用前，需將粉：水＝1：2先調勻，再放入蛋黃酥／千層酥油皮或酥皮麵團裡使用。

學會造型蛋黃酥／千層酥製作 8 大基本工

明酥、暗酥兩款專屬完美油皮、酥皮配方、搭配比例、外皮染色的方法、
最好吃的無添加 12 款內餡、完美的包裹手法及烘烤細節，統統在這裡！

基本工1 學會原味油皮製作 （製作份量：20 顆）

經過多次試驗，美姬老師以完美的中筋麵粉及低筋麵粉比例，搭配適量的無水奶油及水，製作出黃金比例油皮。

材料 ingredients

- 水 95 克
- 糖粉 24 克
- 無水奶油 48 克
- 中筋麵粉 135 克
- 低筋麵粉 64 克

做法 Step by Step

1 糖粉、中筋麵粉、低筋麵粉放入大碗中，混勻後過篩備用。

2 將水倒入。

3 再加入無水奶油，用攪拌機以慢速攪拌成團後，轉中速攪拌至光滑有彈性。。

4 鬆弛 20 分鐘後使用。

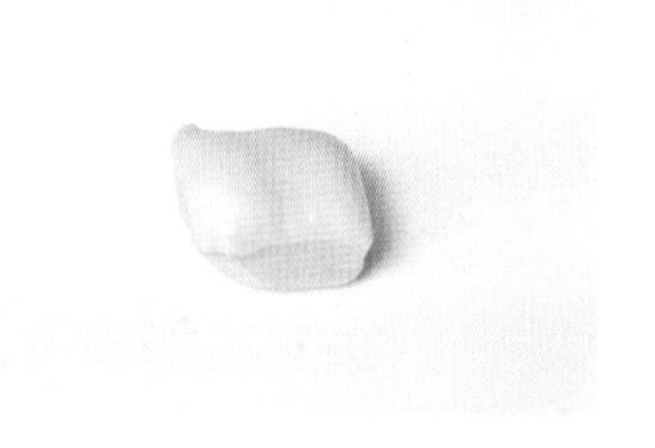

5 鬆弛後的油皮麵團分割成每 18 克一顆。

6 將油皮滾圓備用。

美姬老師小叮嚀

各品牌麵粉吸水性有所差異，水量可先保留 10 克，依麵團軟硬度靈活調整。

基本工2 學會原味油酥製作 （製作份量：20 顆）

油酥的軟度要和油皮一樣，過硬的油酥在擀捲上很容易爆裂，造成作品失敗。美姬老師以經典的低筋麵粉及無水奶油比例，製作出黃金比例油酥麵團。

材料 ingredients

- 無水奶油 85 克
- 低筋麵粉 155 克

基本工2 學會原味油酥製作 （製作份量：20 顆）

做法 Step by Step

1 低筋麵粉與無水奶油放在工作檯上。

2 以刮板切拌。

3 慢慢將奶油切入麵粉中。

4 待切拌完成後，再改以手搓揉。

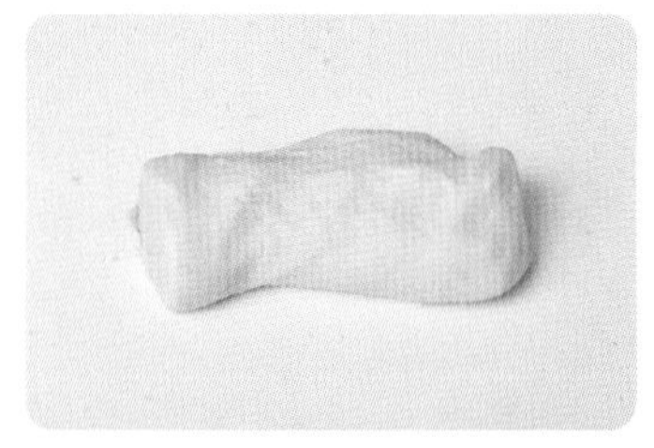

5 慢慢搓成團。

美姬老師小叮嚀

不要手揉過久，以免油酥升溫變得黏手。油酥要和油皮一樣軟，如果油酥過硬，擀皮時易破酥。

基本工3 學會染色

油皮染色能讓蛋黃酥變化更多，但想要讓油皮染色只能用色膏，如果使用蔬果粉或色粉，要先調成膏狀，千萬不能將粉直接加入油皮中。

油酥染色可以直接用市售的巧克力粉、抹茶粉及紫薯粉，直接與低筋麵粉混合，做成不同口味的色粉；如果做成不同顏色的油酥，想以蔬果粉調色，同樣要先調成色膏，再加入油酥中。

A｜油皮染色這樣做

材料 ingredients

- 油皮　適量
- 色膏　適量

做法 Step by Step

1 將色粉／蔬果粉放入碗中。

2 慢慢加入水。

3 用水彩筆慢慢調勻。

4 直到碗中完全沒有粉狀。

5 要調成至如圖中般濃稠。

6 取適量的油皮，準備好色膏。

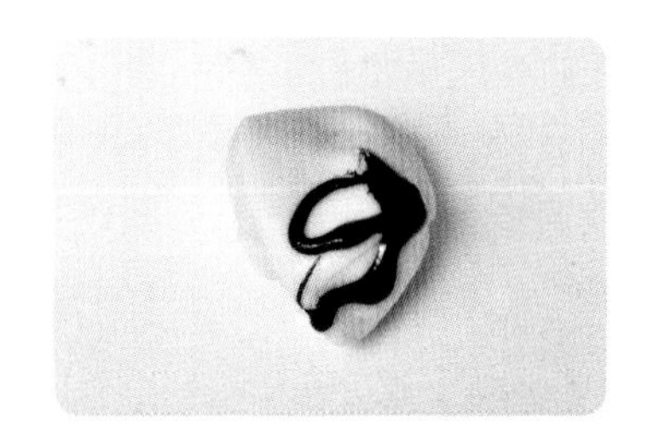

7 將色膏放入油皮上方。

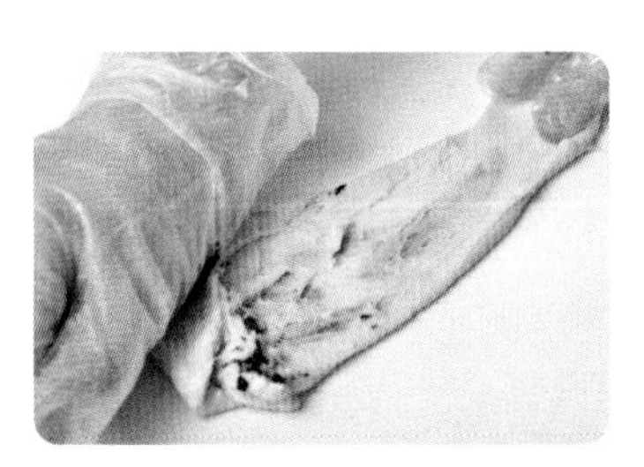

8 像洗衣服方式搓揉。

9 直到油皮與色膏完全融合。

美姬老師小叮嚀

油脂對色粉的反應不同，所呈現出來的顏色也略有差異。

B｜油酥染色這樣做

油酥染色方法有二，直接法及色膏法。前者直接加入市售的巧克力粉、抹茶粉或紫薯粉；色膏粉則是將蔬果粉先調成色膏，再加入油酥中。

油酥染色為了讓明酥的層次更為明顯，所以通常會在油酥裡加入有色澤的粉類，如：抹茶粉、可可粉、蔬菜粉等。

❶ 直接法

材料 ingredients　（製作份量：20 顆）

原味
- 低筋麵粉 155 克
- 無水奶油 85 克

巧克力
- 低筋麵粉 155 克
- 可可粉 10 克
- 無水奶油 85 克

抹茶
- 低筋麵粉 155 克
- 抹茶粉 7 克
- 無水奶油 85 克

紫薯
- 低筋麵粉 145 克
- 紫薯粉 30 克
- 無水奶油 85 克

做法 Step by Step

將各種口味的配方，以原味油酥的做法，調成不同口味的油酥。

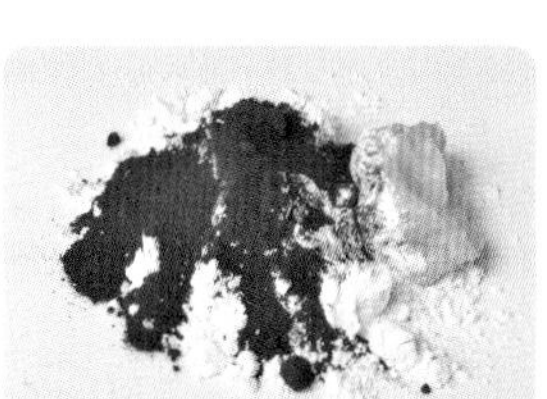

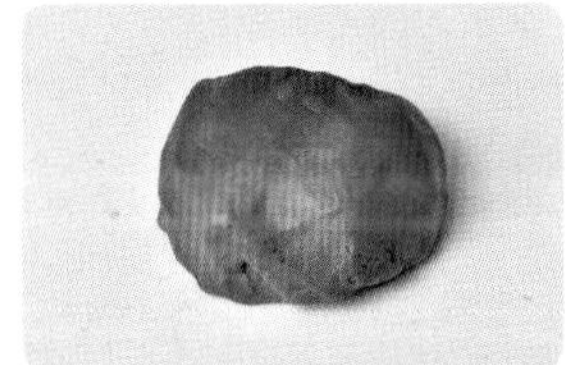

❷ 色膏法

材料 ingredients

- 油酥　適量
- 色膏　適量

做法 Step by Step

1 將色粉／蔬果粉放入碗中。

2 慢慢加入水。

3 用水彩筆慢慢調勻。

4 直到碗中完全沒有粉狀。

5 要調成至如圖中般濃稠。

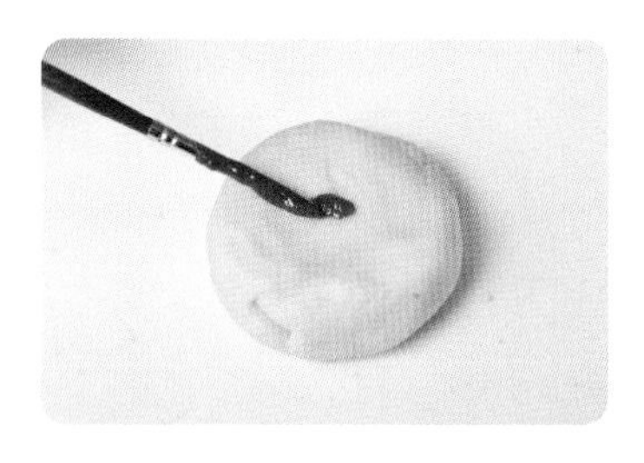

6 將油膏放入油酥上方。

7 以按、壓的方式將色膏揉進油酥裡。

8 直到顏色完全融入油酥。

美姬老師小叮嚀

油脂對色粉的反應不同，所呈現出來的色也略有差異。

基本工4 學會內餡

註：以下各配方製作完成的內餡，在包之前都需要先冰過，才比較好包。所有內餡均可以密封冷凍保存一個月。

內餡是蛋黃酥的靈魂，尤其是經典口味的烏豆沙加上鹹蛋黃，一直深受大眾喜愛。除了烏豆沙內餡，美姬老師還設計了其他 11 款內餡分享給讀者，並以「奶油烏豆沙」為例，圖文示範告訴讀者如何製作。12 款都是完全手工無添加的美味，一定要試試！

❶ 奶油烏豆沙餡

選擇台灣在地的紅豆，搭配發酵無鹽奶油，再加上耐心，就能成就這款迷人的滋味。

材料 ingredients

・紅豆 500 克・二砂糖 200 克・麥芽糖 50 克
・海鹽 0.5 克・無鹽奶油 100 克

做法 Step by Step

1 紅豆放入鋼盆，泡水 6～8 小時。

2 泡過水的紅豆瀝乾水分，再加入沒過紅豆的水，用電鍋將其蒸熟。

3 將蒸熟的紅豆，用調理機打碎。

4 如能將打碎的紅豆泥過篩，可得到更細緻口感。

5 紅豆泥放入不沾鍋中，拌炒至水分略微收乾。

6 加入鹽、二砂糖和麥芽糖拌炒。

7 炒至完全融合，顏色呈暗紅色（約40分鐘）。

8 加入無鹽奶油炒至油脂吸收。

9 炒至呈現小山狀即可，密封冷凍保存一個月。

❷ 烏豆沙蛋黃餡

經典內餡口味，甜而不膩的烏豆沙與醃透的鹹蛋黃，是天生絕配！

材料 ingredients

・奶油烏豆沙 20 克・鹹蛋黃 1 顆

做法 Step by Step

1 奶油烏豆沙每 20 克一顆配一顆鹹蛋黃。

2 將奶油烏豆沙壓出一個洞。

3 將鹹蛋黃放入。

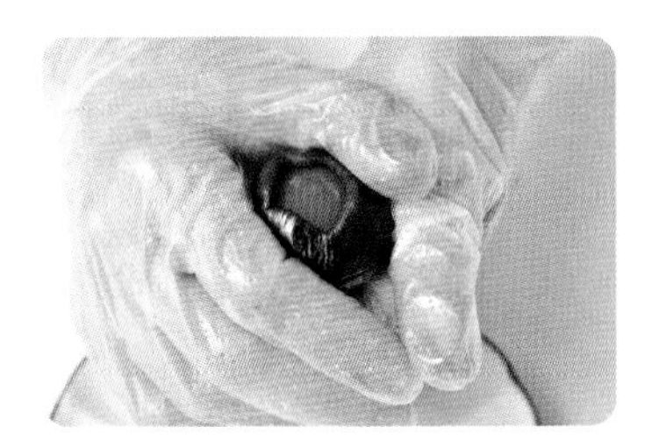

4 以虎口的力量，慢慢以奶油烏豆沙把鹹蛋黃包裹住。

5 不需要完全包住，因為後續包裹外皮時，還會再往上推。

③ 松子烏豆沙

將美味的烏豆沙和松子搭在一起，
軟中帶酥的口感，非常迷人。

材料 ingredients

・奶油烏豆沙 300 克・松子 20 克

做法 Step by Step

1 依「奶油烏豆沙」材料，先完成奶油烏豆沙餡。

2 將松子以 120°C 烘烤 12～15 分鐘。

3 取 20 克松子與奶油烏豆沙混合均勻。

④ 拉絲麻吉餡

一口咬下，不僅會拉絲，
香 Q 的口感太迷人了！

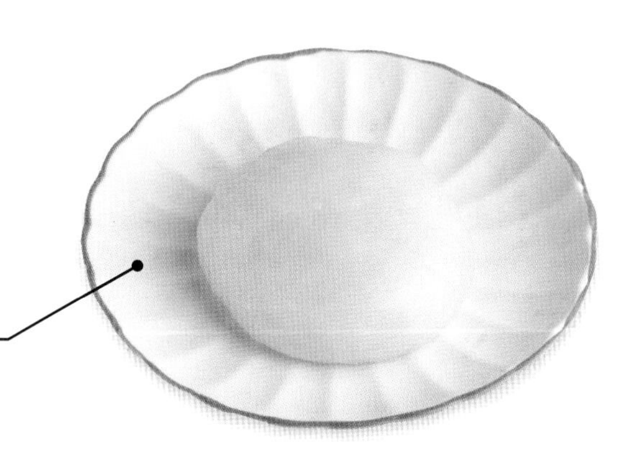

材料 ingredients

・牛奶 100 克・椰奶 50 克・動物性鮮奶油 50 克
・糯米粉 120 克・太白粉 30 克・上白糖 50 克
・水麥芽 20 克・無鹽奶油 20 克

做法 Step by Step

1．將牛奶、椰奶、動物性鮮奶油拌勻。
2．加入糯米粉、太白粉、上白糖 拌勻。
3．封上保鮮膜蒸 20 分鐘。
4．放入攪拌機，加入水麥芽和無鹽奶油攪拌到牽絲狀即可。

❺ 綠豆沙餡

微甜微鹹的滋味，
是用愛心慢慢炒出來的。

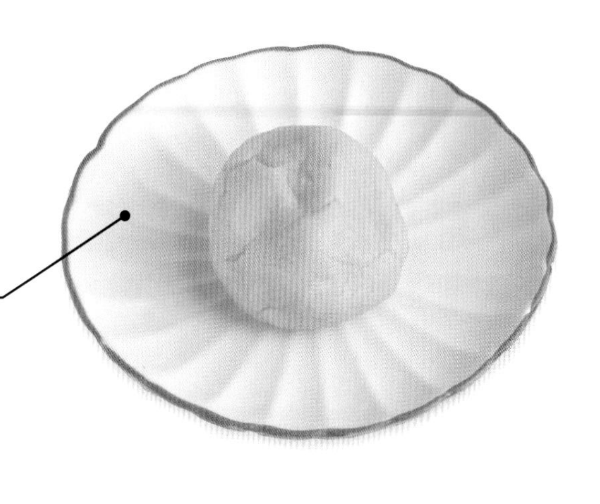

材料 ingredients

・綠豆仁 200 克・二砂糖 50 克
・熟的糯米粉 25 克・鹽 0.5 克・沙拉油 40 克

做法 Step by Step

1. 綠豆仁清洗乾淨，泡水至少 3 小時。
2. 泡好的綠豆仁瀝乾水份，放入容器內，電鍋外鍋放入半杯水，蒸熟備用。
3. 蒸熟後，再用調理機打碎。
4. 打碎的綠豆仁放入大碗中，加入二砂糖、鹽巴拌勻。
5. 加入糯米粉拌炒均勻後，再加入沙拉油拌炒。
6. 炒至呈現小山狀即可。

美姬老師小叮嚀

也可將 40 克沙拉油換成 50 克奶油。

❻ 綠豆松子餡

高成本的內餡，
好吃到眼淚都會流出來！

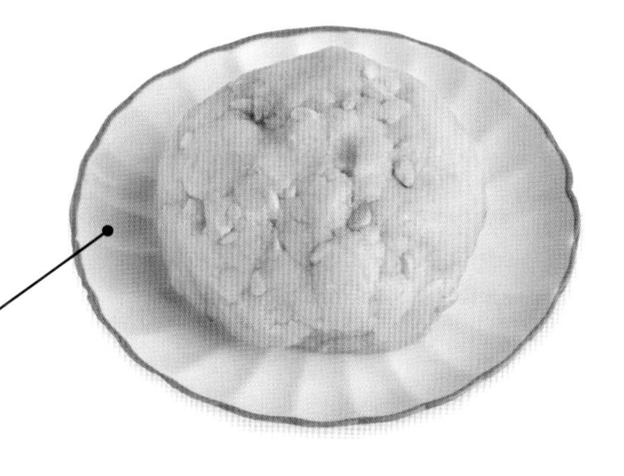

材料 ingredients

・松子 50 克・綠豆沙餡 300 克

做法 Step by Step

1 依「綠豆沙餡」材料，先完成綠豆沙餡。

2 將松子以 120°C烘烤 12～15 分鐘。

3 取 300 克綠豆沙餡及 50 克松子拌勻即可。

❼ 綠豆肉鬆餡

最意外的滋味，
沒想到綠豆和肉鬆這麼搭！

材料 ingredients

・綠豆沙餡 27 克・肉鬆 8 克

做法 Step by Step

1 依「綠豆沙餡」材料，先完成綠豆沙餡。

2 準備好綠豆沙餡及肉鬆。

3 將綠豆沙餡壓扁成直徑約 7 公分的圓片。

4 將肉鬆包在綠豆沙圓片裡。

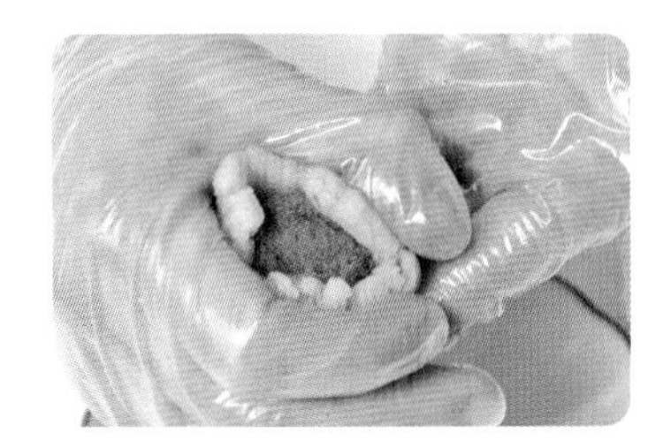

5 用綠豆沙餡將肉鬆包裹起來。

6 完成綠豆肉鬆餡。

❽ 奶油芋泥餡

芋泥控的最愛，不甜不膩，
一定要做看看！

材料 ingredients

・芋頭 200 克・二砂糖 80 克・麥芽糖 20 克
・鹽 0.5 克・無鹽奶油 100 克・紫薯粉 5 克

做法 Step by Step

1・將芋頭蒸熟，用調理機打碎成沙狀。
2・將芋頭放入鍋子，加入二砂糖、麥芽糖、鹽拌炒。
3・加入無鹽奶油拌勻後，加入紫薯粉拌勻。
4・以小火炒至呈現小山狀即可。

美姬老師小叮嚀

為健康取向，可將糖與油各減一半，但保存期限較短。

⑨ 芋頭麻吉餡

芋頭＋麻吉，超級好搭檔。
口感 Q 彈，帶著濕潤的芋泥香氣，
太美味了。

材料 ingredients

・奶油芋泥餡 20 克・麻吉餡 15 克

做法 Step by Step

1 依「奶油芋泥餡」材料，先完成奶油芋泥餡。

2 將奶油芋泥餡分成數份滾圓。

3 準備好麻糬，並在滾圓的奶油芋泥餡中間壓出小洞。

4 將麻糬放入洞中。

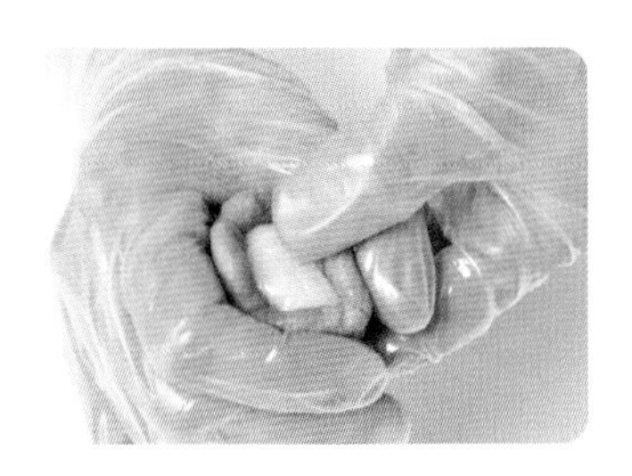

5 將麻糬以奶油芋泥餡包裹起來。

6 完成芋泥麻糬餡。

⑩ 奶油紫薯餡

香甜的紫薯餡，
包在蛋黃酥中也非常對味！

材料 ingredients

・紫地瓜 200 克・細砂糖 80 克・海鹽 0.5 克
・無鹽奶油 110 克

做法 Step by Step

1. 將紫地瓜去皮，以電鍋蒸熟。
2. 將蒸熟的紫地瓜，加入砂糖及海鹽拌勻。
3. 放入鍋中，以中小火慢炒，直至水分蒸發一半。
4. 加入無鹽奶油，炒至呈現小山狀即可。

⑪ 紫薯麻糬餡

有了麻糬，紫薯餡更有口感了！

材料 ingredients

・紫糬餡 23 克・麻糬 12 克

做法 Step by Step

1 依「奶油紫薯餡」材料，先完成紫薯餡。

2 準備好奶油紫薯餡及麻糬。

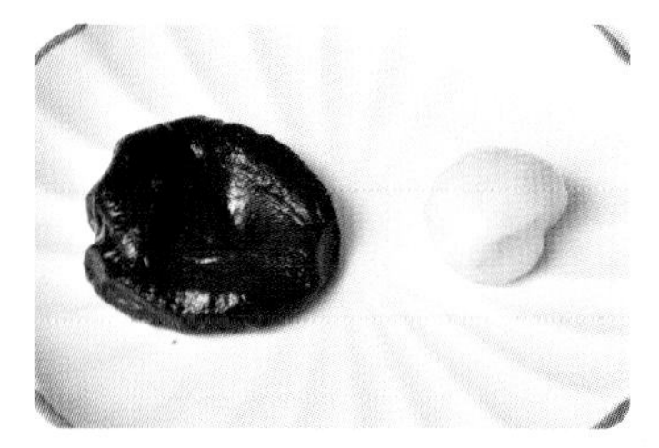

3 將奶油紫薯餡壓扁成直徑約 6 公分的圓片。

4 將麻糬包在紫薯圓片裡。

5 用奶油紫薯餡將麻糬包裹起來。

6 完成紫薯麻糬餡。

⑫ 紫薯蛋黃餡

有鹹蛋黃的香，紫薯的甜，
這鹹甜的內餡會讓人一口接一口！

材料 ingredients

・奶油紫糬餡 23 克・鹹蛋黃 1 顆

做法 Step by Step

1 依「奶油紫薯餡」材料，先完成奶油紫薯餡。

2 準備好奶油紫薯餡及鹹蛋黃。

3 將奶油紫薯餡壓扁成圓片，將鹹蛋黃放在奶油紫薯圓片裡。

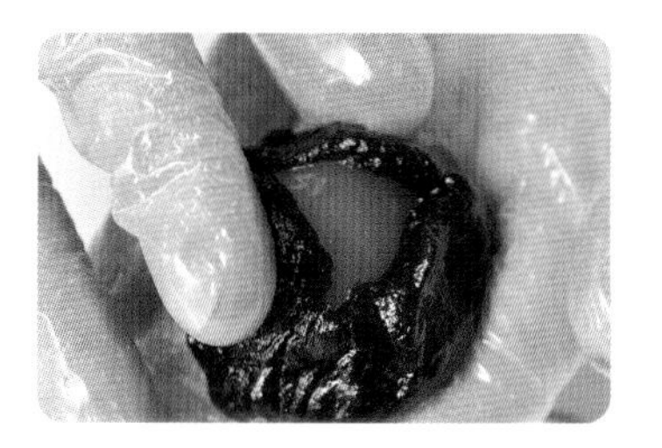

4 用奶油紫薯餡將鹹蛋黃包裹起來。

5 完成紫薯蛋黃餡。

基本工5 學會處理鹹蛋黃

鹹蛋黃在蛋黃酥這道點心當中扮演著靈魂的角色，蛋黃醃漬的程度與醃漬的方法會影響的口感。市售蛋黃有兩種選擇，一種是冷凍已經敲好的鹹蛋黃；另外一種是完整沒有敲開的鹹蛋。兩種鹹蛋的處理方式分別如下：

❶ 完整未敲開的鹹蛋

1 先將鹹蛋敲破，將蛋黃撈起。

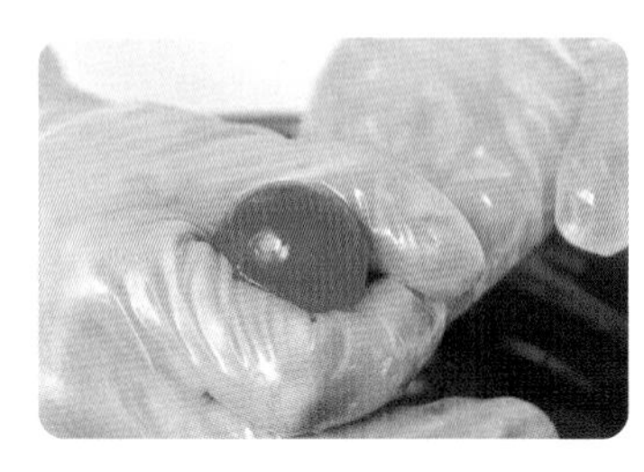

2 去除表面的黏膜。

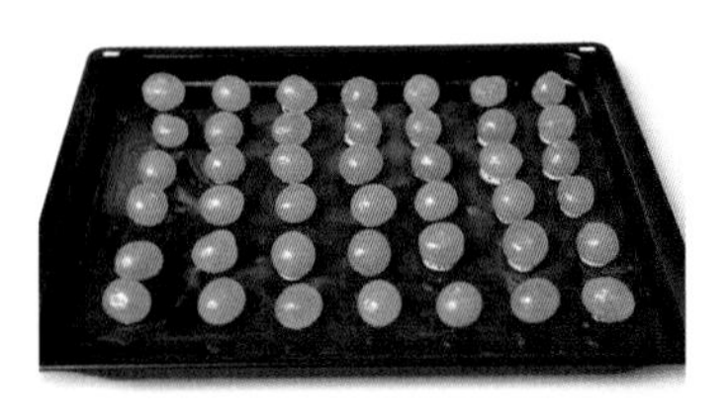

3 一顆顆放置於烤盤上。

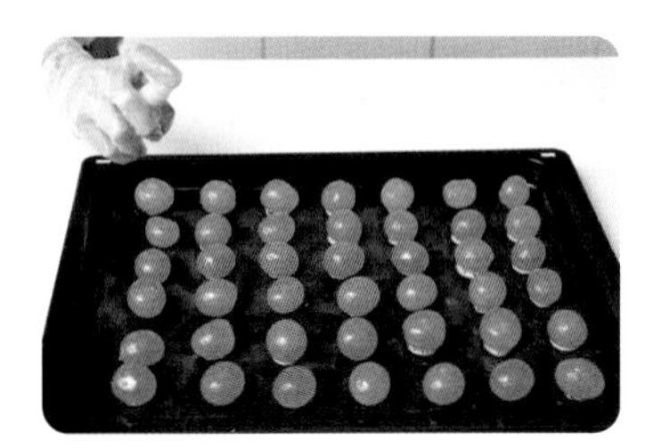

4 表面噴上米酒。

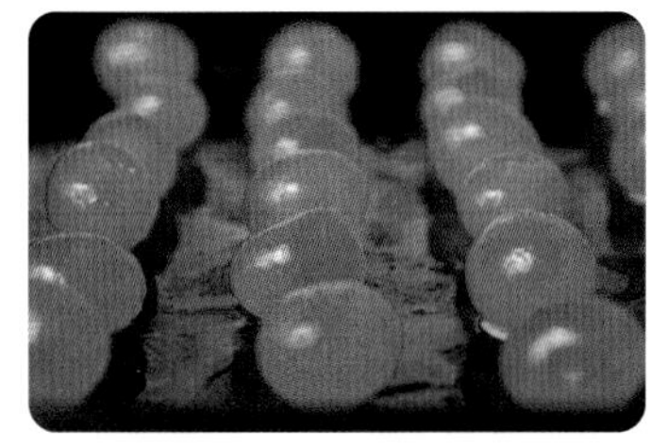

5 將烤箱預熱 150 ～ 160°C，烘烤 10 ～ 15 分鐘。

6 烘烤至蛋黃底部略有小泡泡產生。

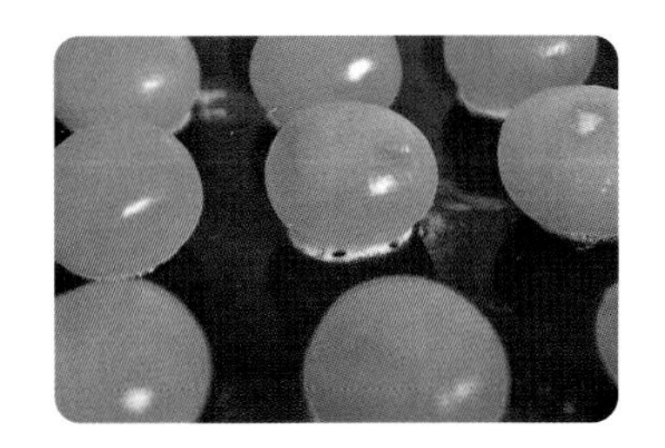

7 取出放涼備用。

❷ 冷凍的鹹蛋黃

放於冷藏解凍兩小時，灑上少許沙拉油及米酒，略微浸泡後撈起，預熱烤箱至 150 ～ 160°C，烘烤 10 ～ 15 分鐘，蛋黃底部略有小泡泡產生，取出放涼備用。

基本工 6 學會蛋黃酥（暗酥）製作

所謂暗酥，就是用油皮包裹油酥擀捲而成的小包酥，製作時會先將油皮和油酥分成小份量，用油皮包裹油酥，二次擀捲後，每一顆外皮單獨製作。暗酥烘烤出來外皮光滑，產品表面看不出層次，切開剖面會有明顯層次，常見的暗酥點心如蛋黃酥、老婆餅等。

材料 ingredients

・油皮 18 克・油酥 12 克・鹹蛋黃一顆・奶油烏豆沙 20 克・蛋黃一顆・芝麻少許

蛋黃酥（暗酥）

做法 Step by Step

A. 製作油皮

1 依「基本工 1 學會原味油皮製作」配方及做法，完成油皮製作，並分割成每個 18 克，滾圓備用。

B. 製作油酥

2 依「基本工 2 學會原味油酥製作」配方及做法，完成油酥製作，並分割成每個 12 克，滾圓備用。

C. 組合油皮油酥

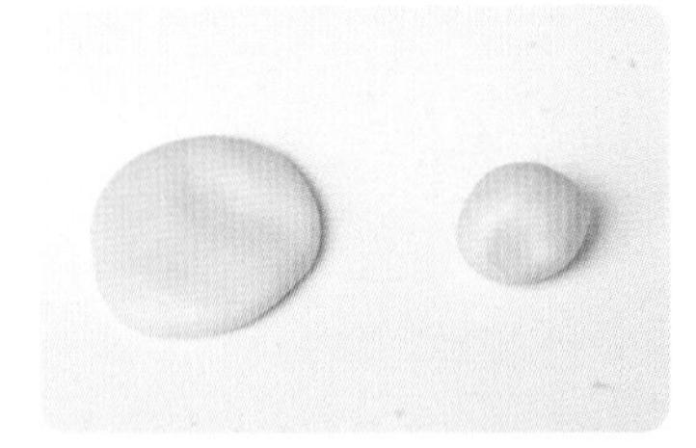

3 將油皮壓扁。

4 將壓扁的油皮翻面。

5 將油酥放入。

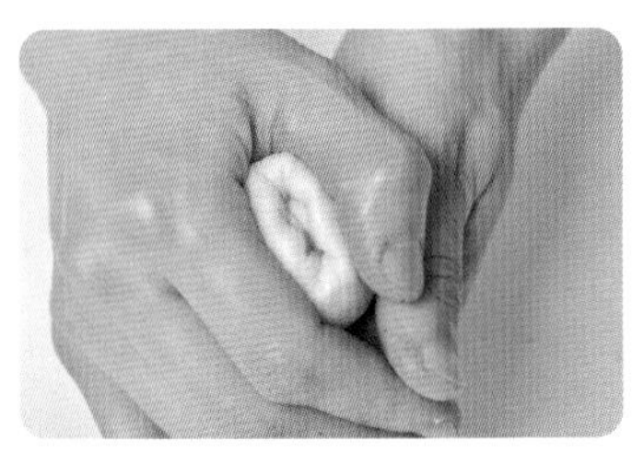

6 將油酥皮放在虎口處，慢慢收圓。

7 收口處一定要捏緊。

8 蓋上塑膠袋（或保鮮膜）防乾保濕。

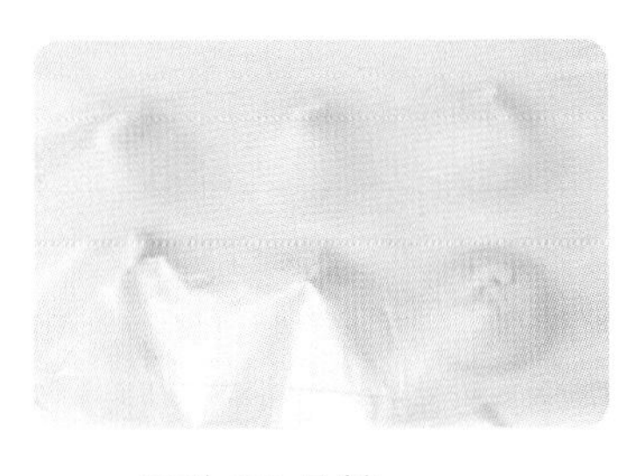

9 鬆弛 20 分鐘。

D . 第一次擀捲

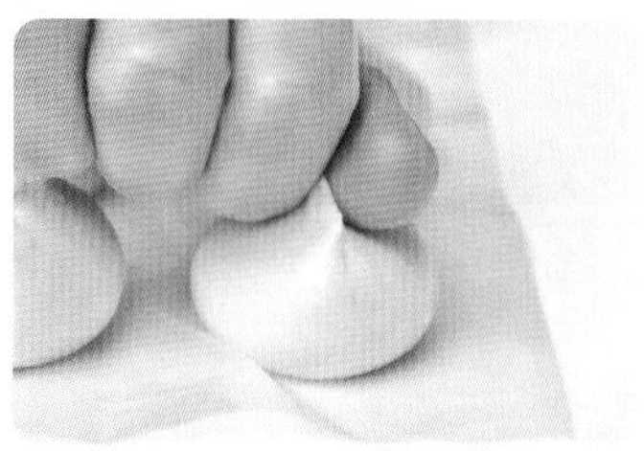

10 將鬆弛好的麵團收口再捏緊一次，防止裡面的油酥外露。

11 將麵團壓扁。

12 用擀麵棍不要太出力，慢慢地將油皮酥麵團擀開至 15 公分長。

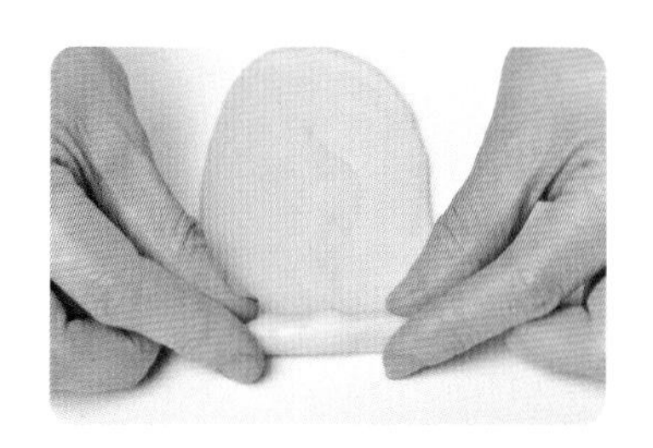

13 由上往下輕輕捲起。

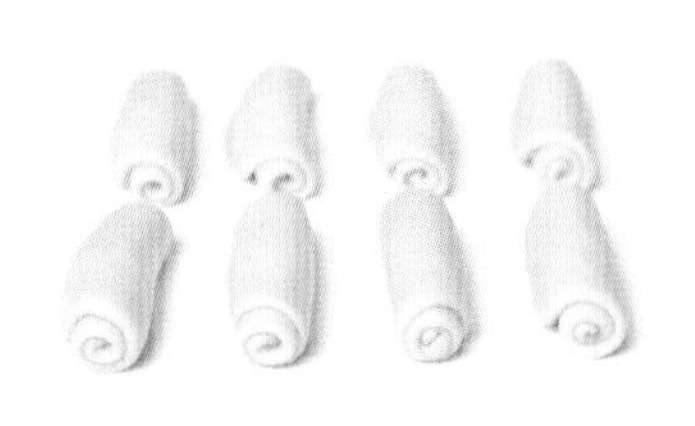

14 一個個捲好依序放好。

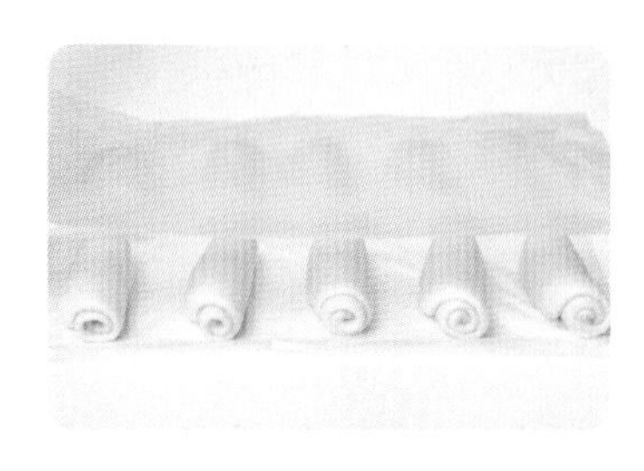

15 覆蓋保鮮膜鬆弛 20 分鐘。

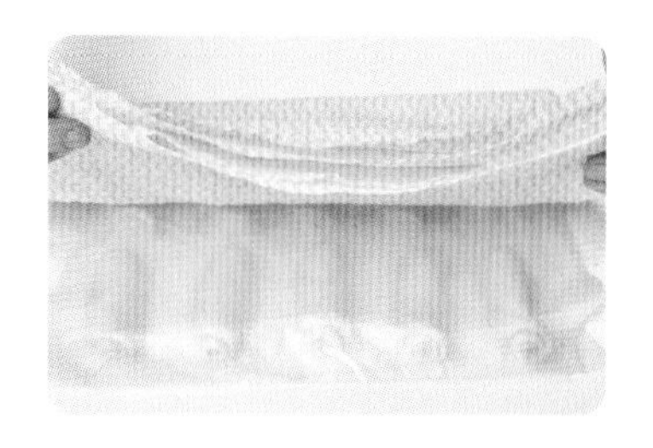

16 如果能蓋上濕布更佳，保持濕度。

E . 第二次擀捲

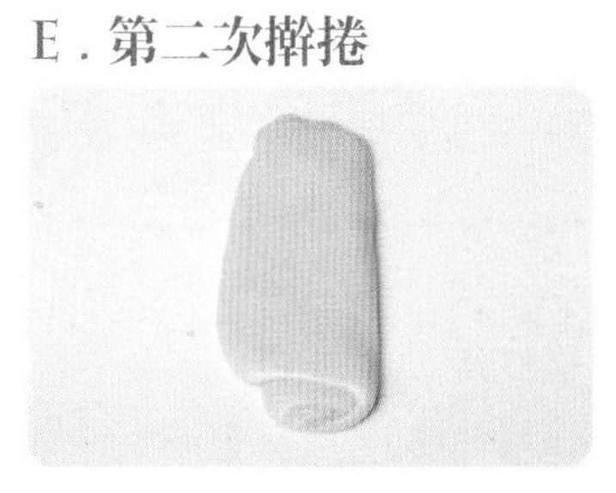

17 將鬆弛好的油酥皮收口朝下壓扁。

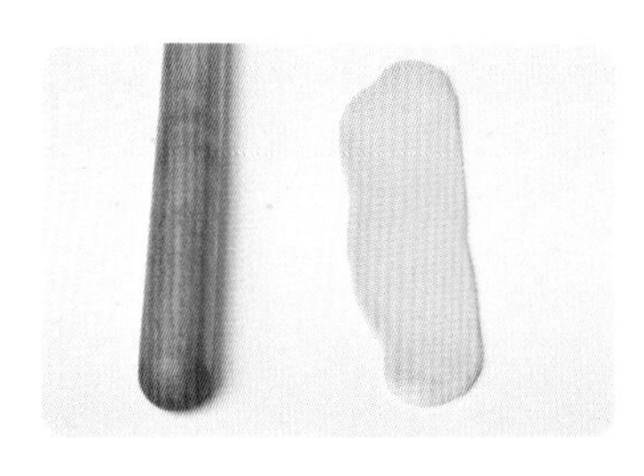

18 以擀麵棍擀開至約 20 公分長。

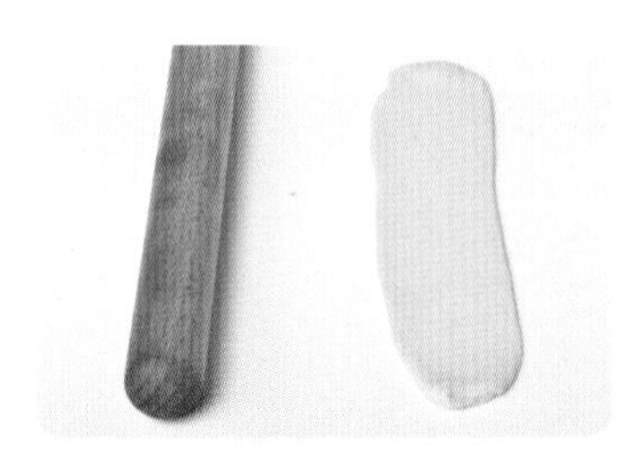

19 將其翻面（此時收口朝上）。

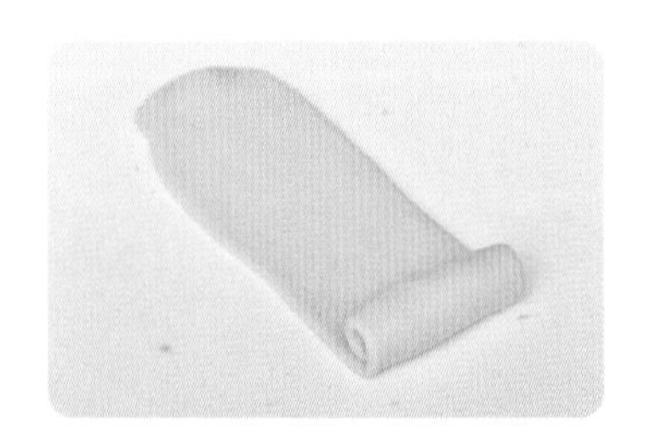

20 再由上往下慢慢捲起。

21 無需刻意捲緊，以免需要更久的時間鬆弛，蛋黃酥的外皮完成。

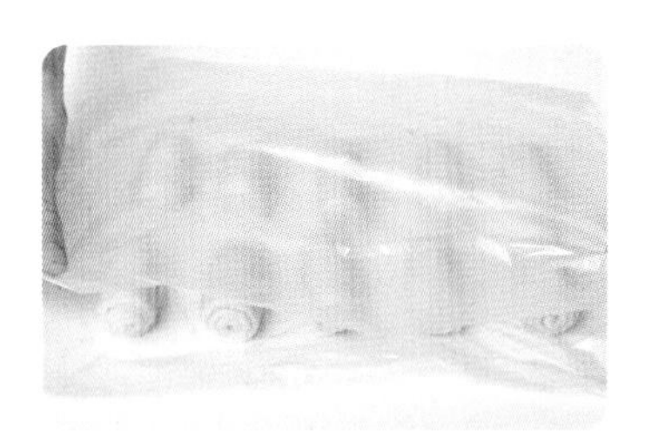

22 將所有的油酥皮擀捲完，蓋上塑膠袋鬆弛 20 分鐘。

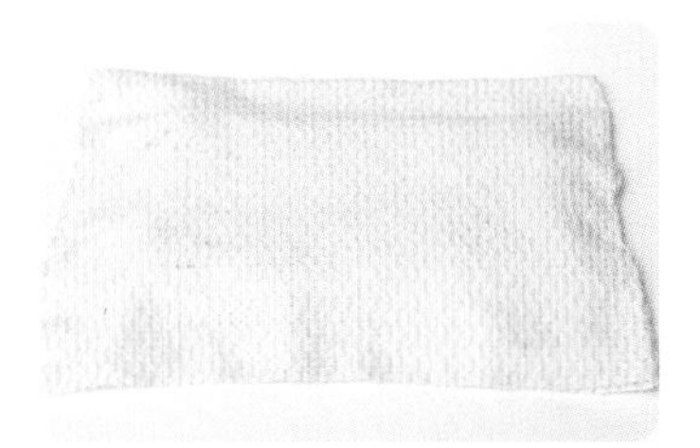

23 於塑膠袋上方再覆蓋濕布，保持濕度。

F. 內餡製作

24 依「基本工 4 學會內餡」，選擇自己喜愛的內餡。此處以奶油烏豆沙為示範。依奶油烏豆沙配方及步驟，完成奶油烏豆沙。

25 依「基本工 5 學會處理鹹蛋黃」，將鹹蛋黃準備好。

26 奶油烏豆沙每 20 克一顆配一顆鹹蛋黃。

27 將奶油烏豆沙壓出一個洞。

28 將鹹蛋黃放入。

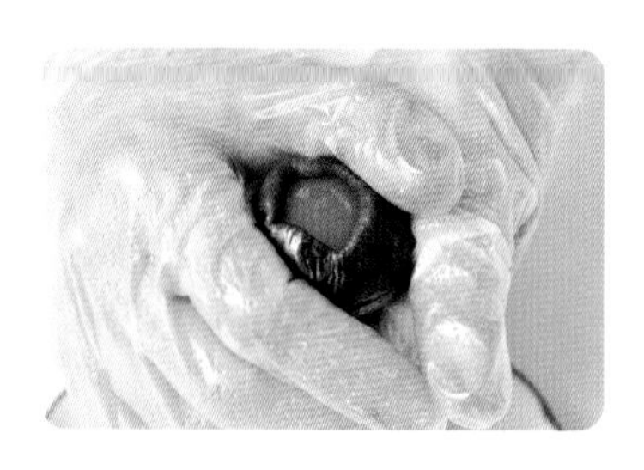

29 以虎口的力量，慢慢以奶油烏豆沙把鹹蛋黃包裹住。

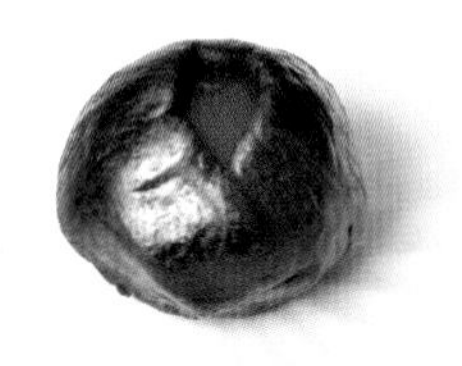

30 不需要完全包住，因為後續包裹外皮時，還會再往上推。

G. 外皮與內餡組合

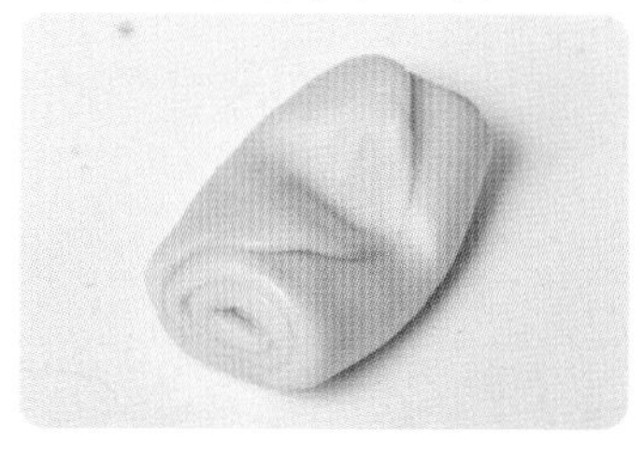

31 將鬆弛好的外皮取出，中間壓出一道凹痕。

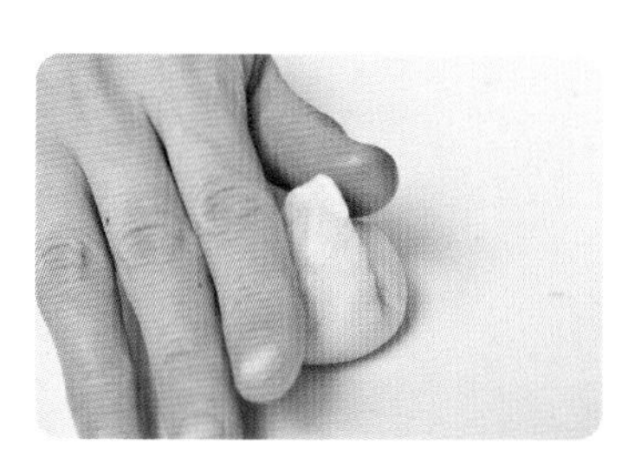

32 將外皮的兩端合起。

33 滾成圓形後翻面（捏合處朝下）。

34 用擀麵棍擀成圓形（捏合處朝下）。

35 翻面，將原本捏合處朝上。

36 放入烏豆沙蛋黃餡（餡料收口朝上）。

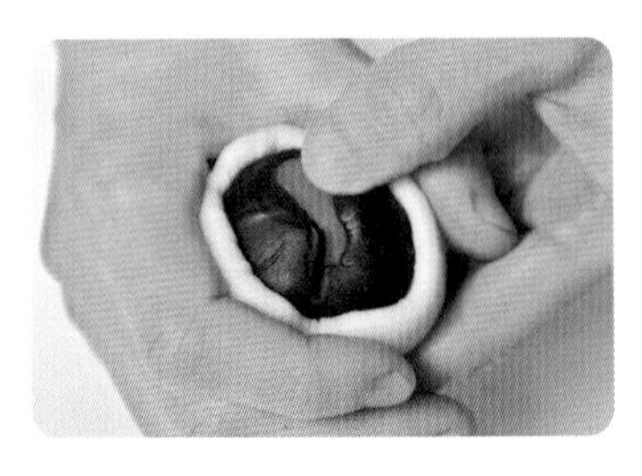

37 以虎口的力量，慢慢把烏豆沙蛋黃餡包裹住。

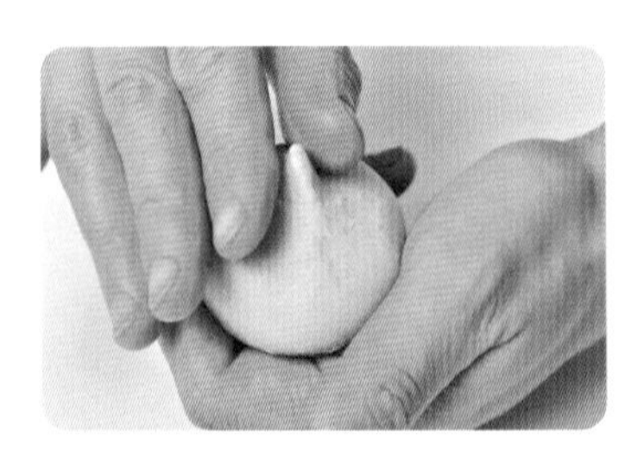

38 收口處捏緊。

39 將捏合處壓平。

40 將收口處朝下擺放，鬆弛 20 分鐘，準備入爐烘烤。

基本工7 學會千層酥（明酥）製作

明酥則是成品表面就能看見酥皮層次，表面看得見螺旋狀的起酥層，這是將兩顆點心的外皮一起做二次擀捲，再對切成兩半，剖面切口向外即是明酥小包酥的外皮，如「芋頭酥」、「千層酥」等。為了顯現這種層次，通常會在油酥裡加入有顏色的粉類，如：抹茶粉、可可粉等。

材料 ingredients

・油皮 36 克・油酥 24 克・鹹蛋黃 2 顆・烏豆沙 20 克 ×2

千層酥（明酥）

做法 Step by Step

A. 製作油皮

1 依「基本工 1 學會原味油皮製作」配方及做法，完成油皮製作，並分割成每個 36 克，滾圓備用。

B. 製作油酥

2 依「基本工 2 學會原味油酥製作」配方及做法，完成油酥製作，並分割成每個 24 克，滾圓備用。

C. 組合油皮油酥

3 同 P.29「基本工 6 學會蛋黃酥（暗酥）製作」之「C 組合油皮油酥」，完成油皮油酥組合。

D. 第一次擀捲

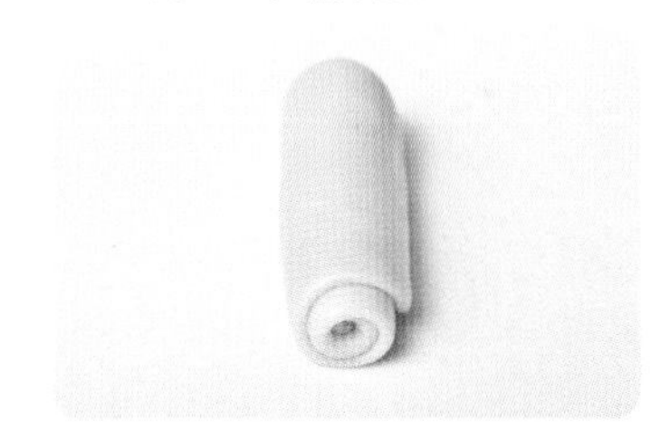

4 同 P.31「基本工 6 學會暗酥（蛋黃酥）製作」之「D 第一次擀捲」步驟，完成第一次擀捲。

E. 第二次擀捲

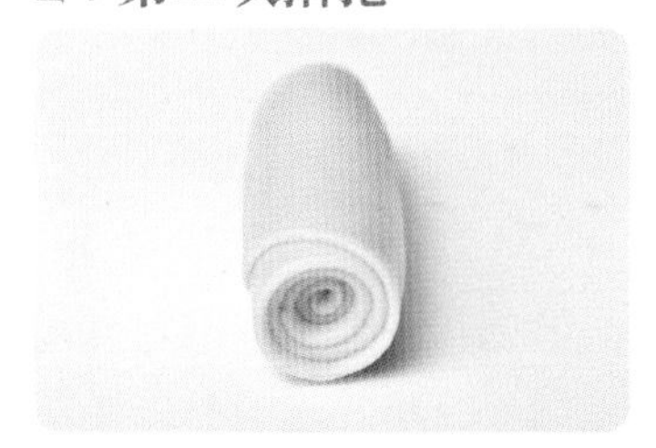

5 同 P.31「基本工 6 學會暗酥（蛋黃酥）製作」之「E 第二次擀捲」步驟，完成第二次擀捲。

F. 內餡製作

6 同 P.32「基本工 6 學會暗酥（蛋黃酥）製作」之「F 內餡製作」步驟，完成內餡製作。

G. 外皮與內餡組合

7 將鬆弛好的油皮油酥麵團取出，以小刀將麵團切成兩半。

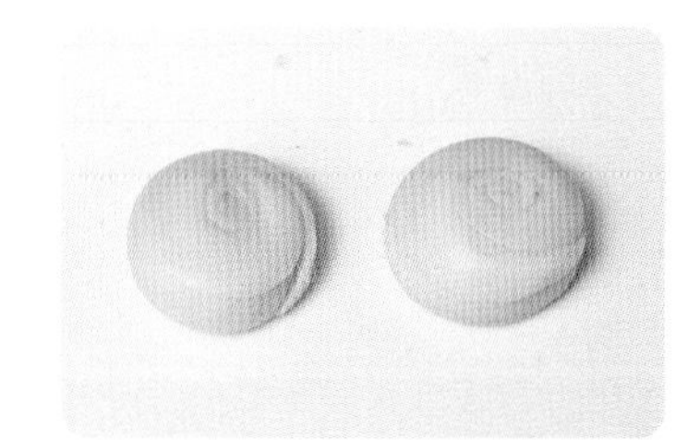

8 切口朝下，用手略微壓扁，鬆弛 20 分鐘。

9 將鬆弛過後的麵團翻面（切口面朝上），用擀麵棍擀成直徑約 10 公分的麵皮。

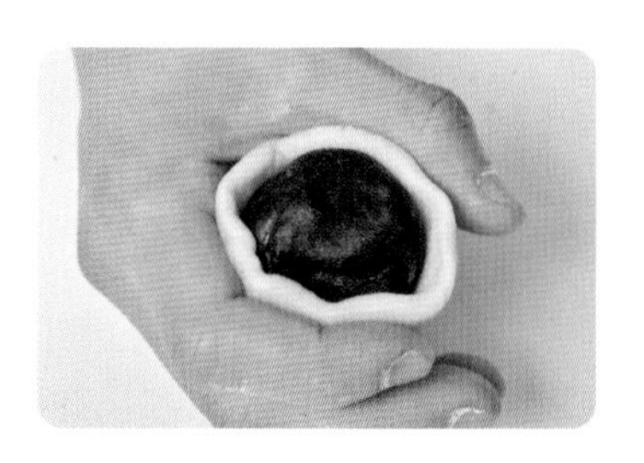

10 將麵皮翻面，將內餡放上，以虎口的力量，慢慢把烏豆沙蛋黃餡包裹住。

11 收口處捏緊後，將捏合處壓平，將收口處朝下擺放，鬆弛 20 分鐘，準備入爐烘烤。

美姬老師小叮嚀

步驟 9 的麵團在擀開的過程中，如果會呈現凹狀，表示鬆弛的時間不夠。

基本工8 學會烘烤

包好或做好各種造型蛋黃酥，要執行最後一步——入爐烘烤。
有什麼注意事項呢？

1 必須將烤箱事先預熱至 180°C（上下火皆同），每個烤箱溫度都有些差異，建議使用烤箱溫度計測量，待達溫後再入爐烘烤。

2 如果自家烤箱上火或下火過於熱情或烤溫較低，還可以稍微調整烤溫。假設烘烤時間到，先翻開蛋黃酥底部，確認底色是否合格；或者切一塊看看是否烤熟。

3 如果家中烤箱上火太熱情，可以幫蛋黃酥蓋上錫箔紙，但要注意的是，直接將錫箔紙蓋上，很容易黏住蛋黃酥的表皮，待烘烤後撕開，表面就容易破損。建議以錫箔紙做一個ㄇ字形的模具，保護蛋黃酥不過度上色。

4 想要追求蛋黃酥表皮擁有光滑效果，請先入爐烘烤 20 分鐘後取出，刷上蛋黃液、撒上黑芝麻，再放回預熱至 180°C的烤箱繼續烘烤 15 分鐘至表面金黃，底部酥脆，出爐完成。

5 如果追求蛋黃酥表皮擁有自然均裂效果，先刷蛋黃（至蛋黃酥胚一半的位置）、撒上黑芝麻粒，直接放入預熱至 180°C的烤箱，烘烤 35 分鐘至表面金黃，底部酥脆，出爐完成。

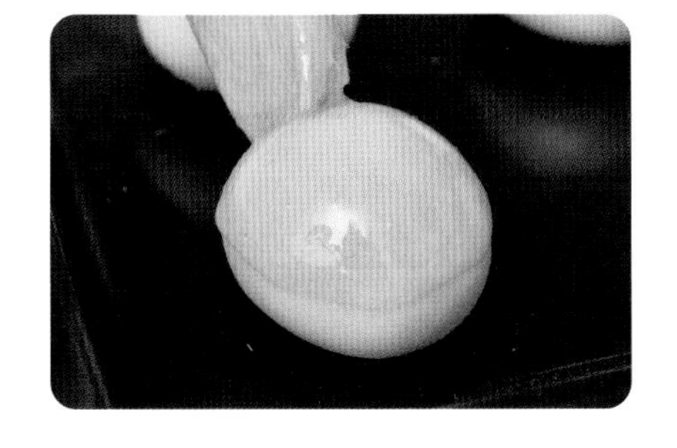

6 光滑效果與自然均裂效果相比較。

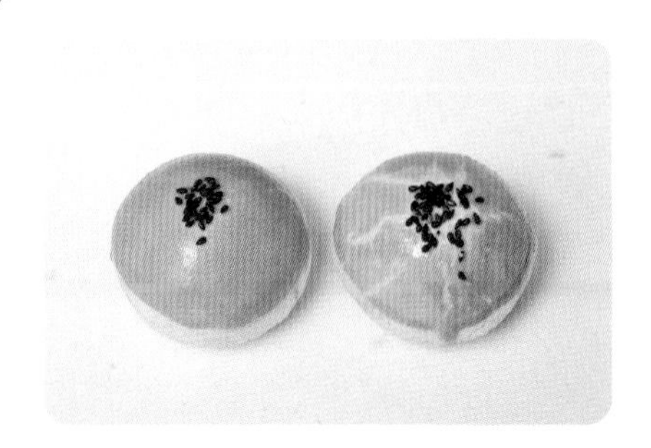

7 入爐烘烤時，建議讓每個成品之間保持較大的距離，如果做的數量較多，或許會多花點時間和電費，但卻能烘烤到位、徹底酥脆、層層分離且乾爽，才是完美作品。

8 不論明酥或暗酥，這類的點心是否好吃，除了材料好、黃金比例配方和做法正確外，最後一哩路也是最重要的，就是一定要「烤透」，因此不可任意縮短烤焙時間，假設烘烤時間未到，烤色就已先到位，這時請調降火力再繼續烤。

右圖為烤透作品　左圖為未烤透

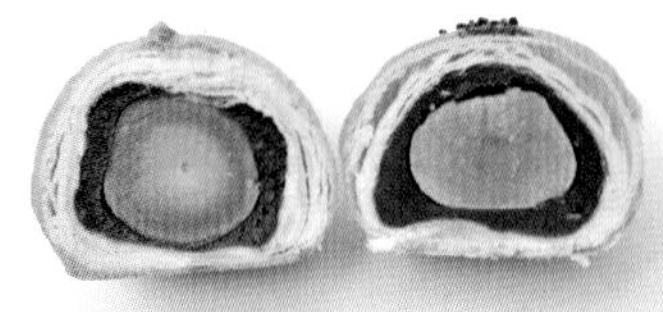

未烤透的作品底部易有生麵團。

PART 02
造型蛋黃酥

經典蛋黃酥

材料 ingredients

油皮／白色 18 克
油酥／白色 12 克
其他／鹹蛋黃 1 顆、奶油烏豆沙 20 克、蛋黃 1 顆、黑芝麻粒少許

做法 Step by Step

1 準備好材料，分別滾圓備用。

2 以油皮包裹油酥（見P.30），滾圓鬆弛備用。

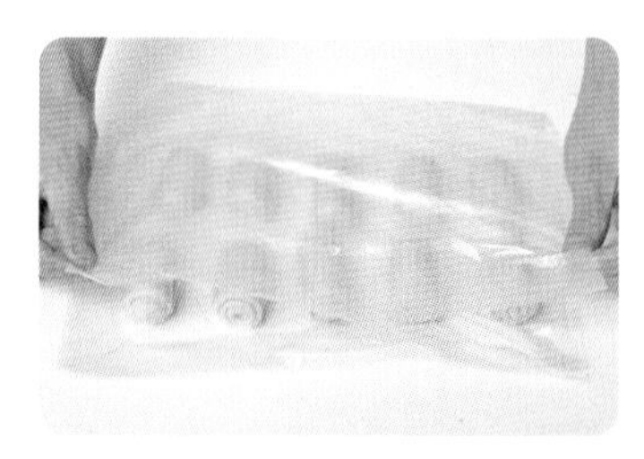

3 鬆弛好的油皮油酥麵團經過兩次擀捲（見P.31），覆蓋塑膠袋鬆弛備用。

4 奶油烏豆沙餡包裹鹹蛋黃（見P.32），略微冷凍定型備用。

5 步驟3的外皮鬆弛好，包入內餡（見P.33），收圓後再鬆弛20分鐘。

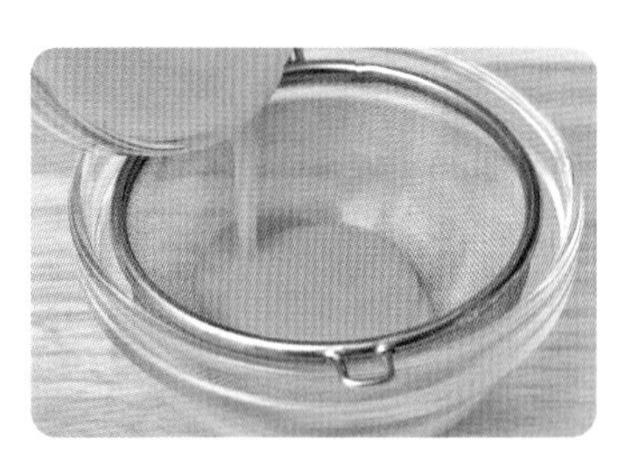

6 蛋黃打散過篩成蛋黃液備用。

7 確認烤箱已達預熱溫度，然後入爐烘烤（見P.38）20分鐘後取出，刷上蛋黃液，撒上芝麻。

8 再繼續烘烤15分鐘至表面金黃，底部酥脆，出爐完成。

美姬老師小叮嚀

如果想要呈現自然開裂的表皮，則可以在入爐前先刷上蛋液、撒上黑芝麻粒，再入爐烘烤30分鐘至表面金黃，底部酥脆，出爐完成。

小白熊蛋黃酥

材料 ingredients

油皮／白色 18 克、白色 10 克、白色 0.5 克 ×6、白色少許、粉紅色少許、黑色少許
油酥／白色 12 克
其他／鹹蛋黃 1 顆、奶油烏豆沙 20 克、竹炭粉少許

做法 Step by Step

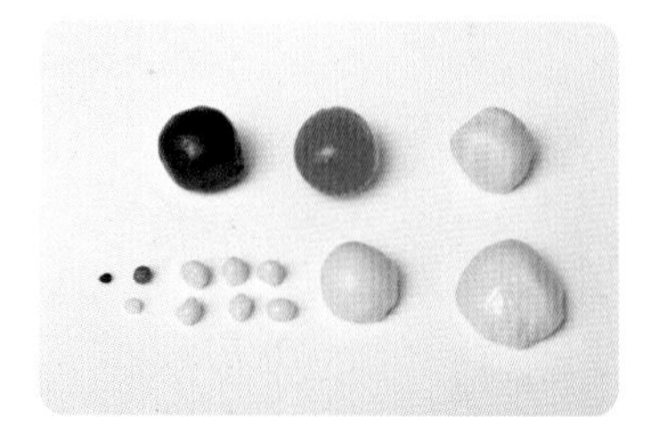

1 準備好材料，分別滾圓備用。

2 依 P.42「經典蛋黃酥」做法，完成一顆尚未烘烤前的蛋黃酥初胚。

3 將 10 克的油皮擀成方形麵皮備用。

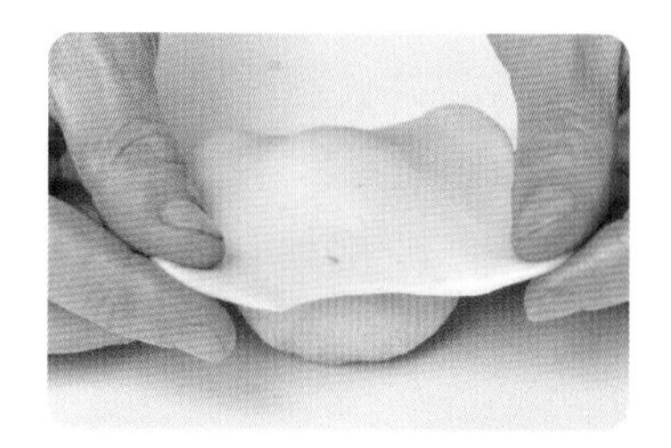

4 覆蓋在蛋黃酥初胚上。

5 慢慢將油皮麵皮延展上去，收口捏緊。

6 將 6 顆 0.5 克的白色油皮分別搓圓，做成耳朵及手腳。

7 將少許白色麵團做上鼻子。

8 取黑色麵團做上眼睛和鼻頭

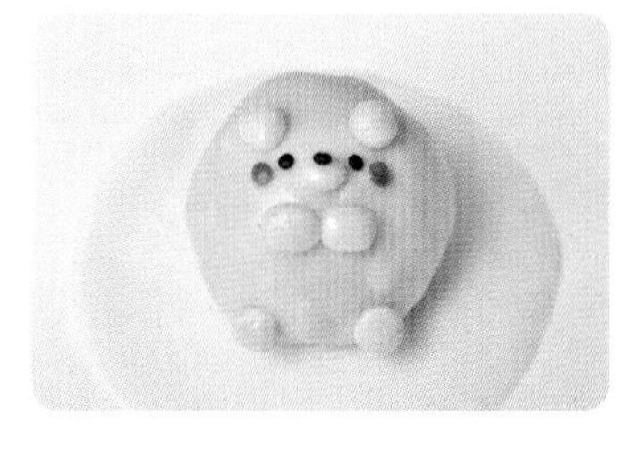

9 取粉紅色麵團做腮紅。

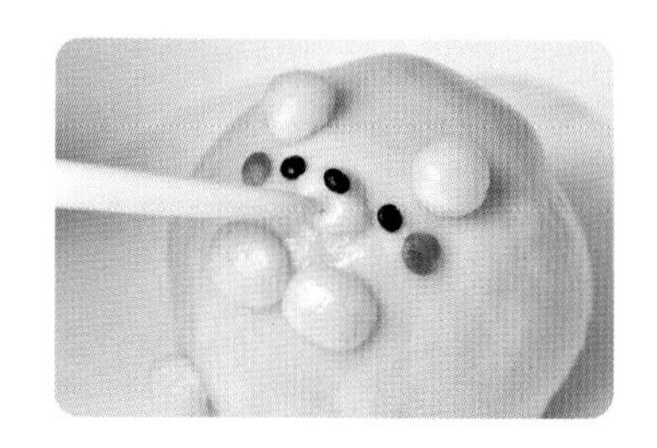

10 用工具壓出嘴巴小洞。

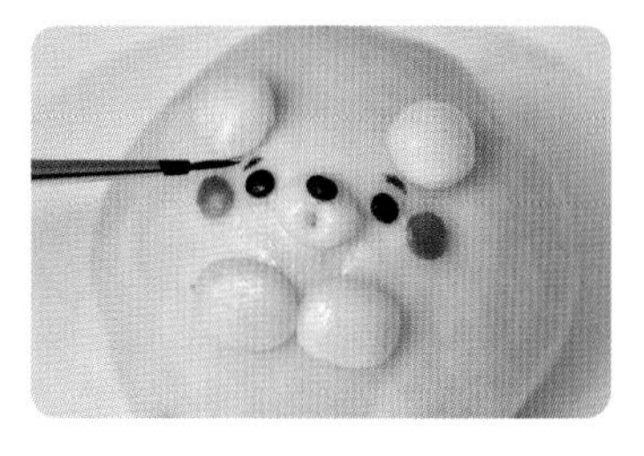

11 竹炭粉調水成墨汁狀，以細毛筆沾取墨水畫上眉毛。

12 確認烤箱已達預熱溫度，入爐烘烤（見 P.38），先烘烤 20 分鐘，蓋上錫箔紙防止烤色過深，再繼續烘烤 15 分鐘至底部酥脆，出爐放涼。

芒果蛋黃酥

材料 ingredients（先製作一顆經典蛋黃酥）

油皮／白色 18 克、黃色 10 克、棕色少許
油酥／白色 12 克
其他／鹹蛋黃 1 顆、松子烏豆沙 20 克、紅麴粉少許

做法 Step by Step

1 準備好材料，分別滾圓備用。

2 依 P.42「經典蛋黃酥」做法，完成一顆尚未烘烤前的蛋黃酥初胚。

3 將 10 克黃色油皮擀成 8 公分的方形麵皮。

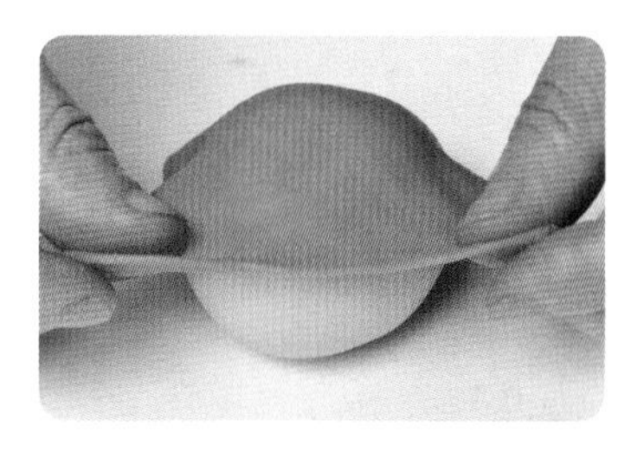

4 覆蓋在蛋黃酥初胚上。

5 慢慢將油皮麵皮延展上去，收口捏緊。

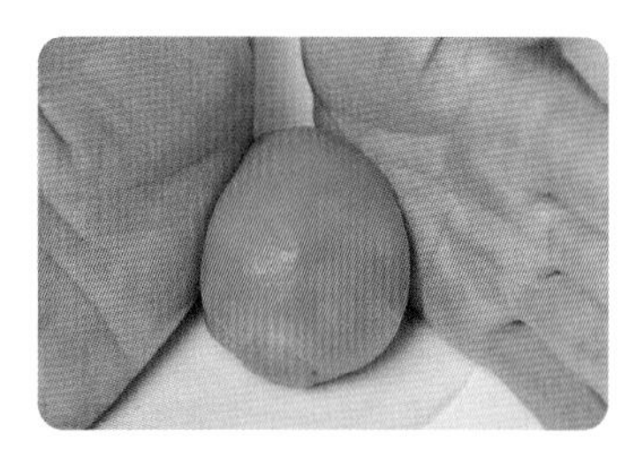

6 捏成一頭略尖的芒果形狀。

7 用工具在頂端壓出凹槽，取棕色麵團搓成圓球，黏貼當成蒂頭。

8 紅麴粉沾點水，抹上熟成紅色。

9 確認烤箱已達預熱溫度，入爐烘烤（見 P.38），先烘烤 20 分鐘，蓋上錫箔紙防止烤色過深，再繼續烘烤 15 分鐘至底部酥脆，出爐放涼。

小豬蛋黃酥

材料 ingredients

油皮／白色 18 克、粉色 10 克、粉色 2.5 克、黑色少許、紅色少許

油酥／白色 12 克

其他／鹹蛋黃 1 顆、奶油烏豆沙 20 克、竹炭粉少許

做法 Step by Step

1 準備好材料，分別滾圓備用。

2 依 P.42「經典蛋黃酥」做法，完成一顆尚未烘烤前的蛋黃酥初胚。

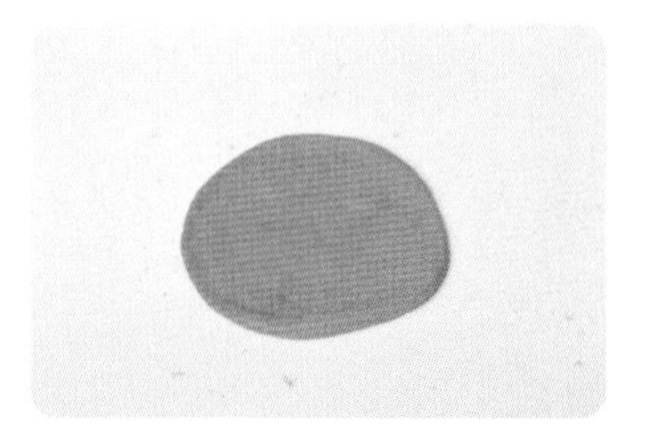

3 將 10 克的粉色油皮擀成 8 公分的正方形麵皮。

4 覆蓋在蛋黃酥初胚上。

5 慢慢將油皮麵皮延展上去，收口捏緊再壓扁。

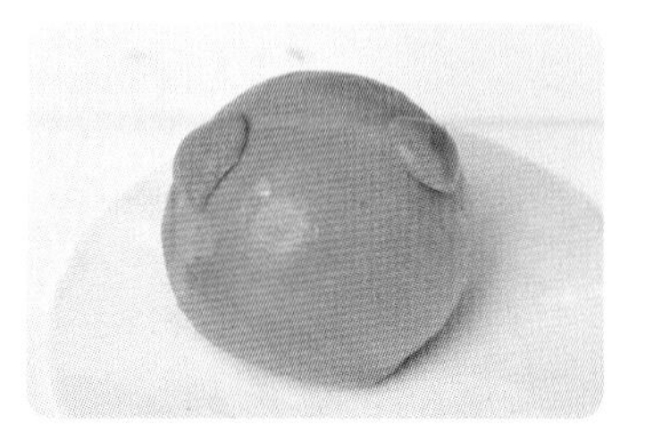

6 將 2.5 克粉色油皮分成三等份，分別滾圓後，取兩顆在頂端做成耳朵。

7 另外一顆在臉上做出鼻子，刺個鼻孔。

8 取黑色麵團做上眼睛。

9 取紅色麵團做上腮紅。

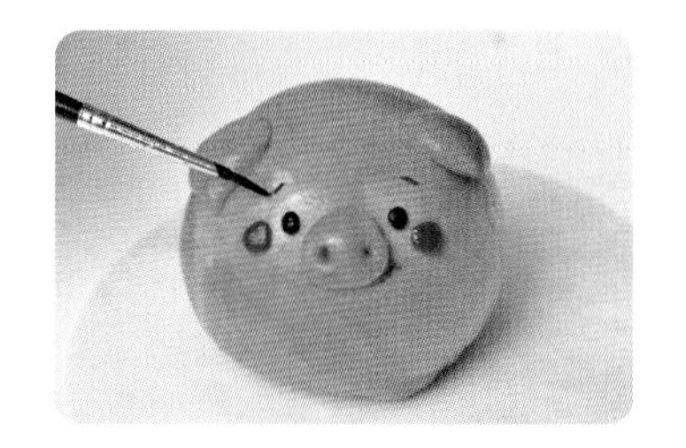

10 竹炭粉調水成墨汁狀，以細毛筆沾取墨水畫上眉毛和嘴巴。

11 確認烤箱已達預熱溫度，入爐烘烤（見 P.38），先烘烤 20 分鐘，蓋上錫箔紙防止烤色過深，再繼續烘烤 15 分鐘至底部酥脆，出爐放涼。

西瓜蛋黃酥

材料 ingredients

油皮／白色 18 克、綠色 10 克、深綠色少許

油酥／白色 12 克

其他／鹹蛋黃 1 顆、奶油烏豆沙 20 克、竹炭粉少許

做法 Step by Step

1 準備好材料，分別滾圓備用。

2 依 P.42「經典蛋黃酥」做法，完成一顆尚未烘烤前的蛋黃酥初胚。

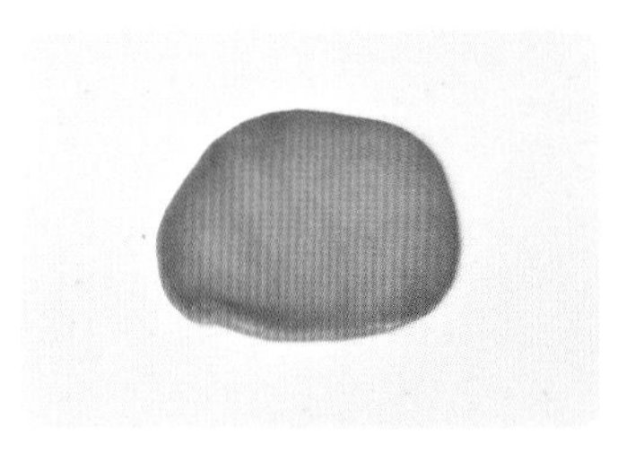

3 將 10 克綠色油皮擀成 8 公分的方形麵皮。

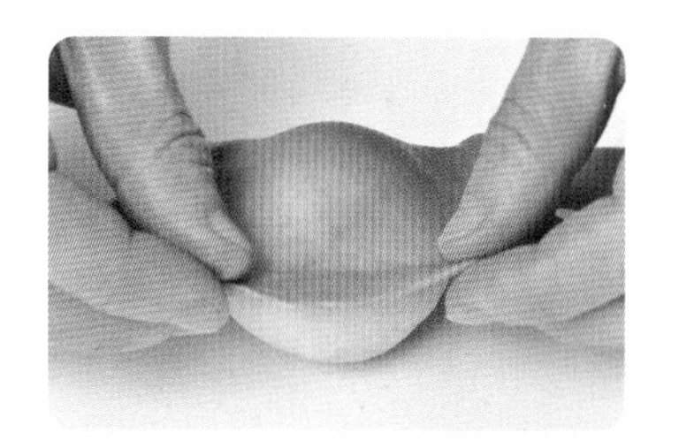

4 覆蓋在蛋黃酥初胚上。

5 慢慢將油皮麵皮延展上去，收口捏緊。

6 在頂端壓出凹洞。

7 竹炭粉調水成墨汁狀，以細毛筆沾取墨水畫上西瓜紋路。

8 將深綠色麵團搓成長椎形，當成上藤蔓，黏在頂端凹洞上。

9 確認烤箱已達預熱溫度，入爐烘烤（見 P.38），先烘烤 20 分鐘，蓋上錫箔紙防止烤色過深，再繼續烘烤 15 分鐘至底部酥脆，出爐放涼。

小鴨蛋黃酥

材料 ingredients

油皮／白色 18 克、黃色 10 克、黃色 2 克、橘色 1 克、黑色少許、粉紅色少許
油酥／白色 12 克
其他／鹹蛋黃 1 顆、奶油烏豆沙 20 克、竹炭粉少許

做法 Step by Step

1 準備好材料，分別滾圓備用。

2 依 P.42「經典蛋黃酥」做法，完成一顆尚未烘烤前的蛋黃酥初胚。

3 將 10 克的黃色油皮擀成 8 公分的正方形麵皮。

4 覆蓋在蛋黃酥初胚上。

5 慢慢將油皮麵皮延展上去，收口捏緊。

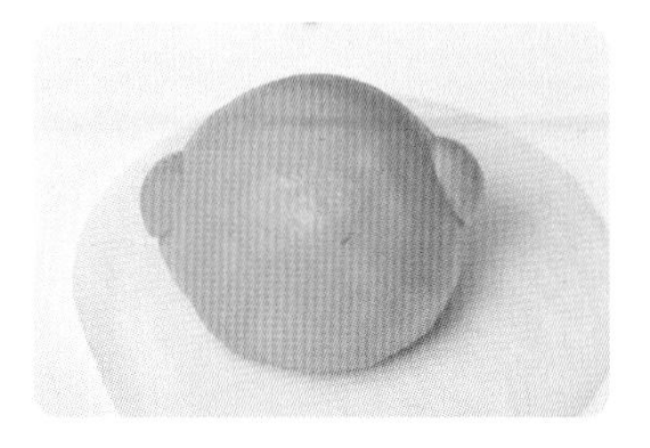

6 將 2 克黃色油皮搓成 2 個圓球，黏在兩側做上翅膀。

7 用雕塑工具劃上翅膀紋路。

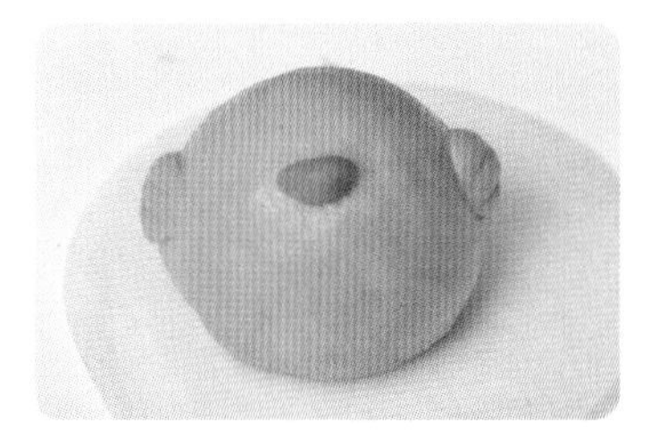

8 取橘色油皮搓圓，黏在臉部中央，捏出向上彎曲的形狀，當成嘴巴。

9 取黑色麵團搓圓，做成眼珠。

10 取粉紅色麵團搓圓，做成腮紅。

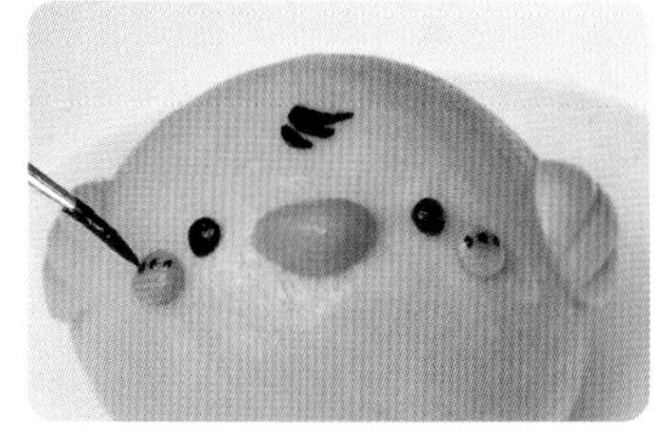

11 竹炭粉調水成墨汁狀，以細毛筆沾取墨水畫上頭髮和臉頰斑點。

12 確認烤箱已達預熱溫度，入爐烘烤（見 P.38），先烘烤 20 分鐘，蓋上錫箔紙防止烤色過深，再繼續烘烤 15 分鐘至底部酥脆，出爐放涼。

柚子蛋黃酥

材料 ingredients

油皮／白色 18 克、綠色 10 克、白色少許
油酥／白色 12 克
其他／松子烏豆沙 35 克

做法 Step by Step

1 準備好材料，分別滾圓備用。

2 依 P.42「經典蛋黃酥」做法，完成一顆尚未烘烤前的蛋黃酥初胚。

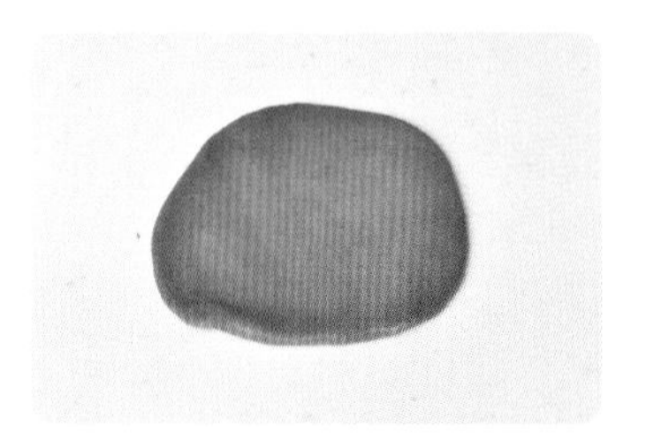

3 將 10 克綠色油皮擀成 8 公分的方形麵皮。

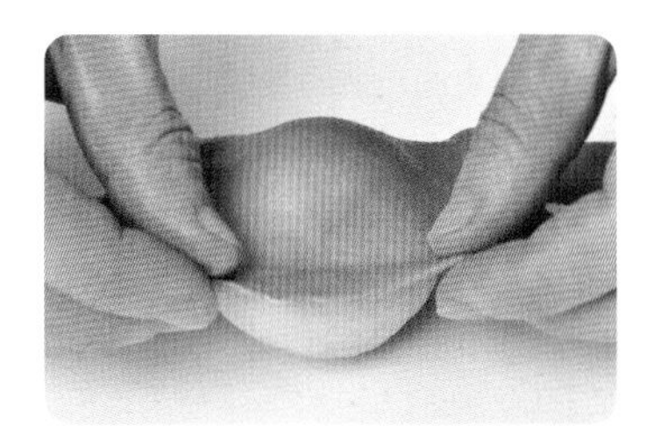

4 覆蓋在蛋黃酥初胚上。

5 慢慢將油皮麵皮延展上去，收口捏緊。

6 捏出柚子形狀，並在頂端壓出凹洞。

7 用白色麵團做上蒂頭。

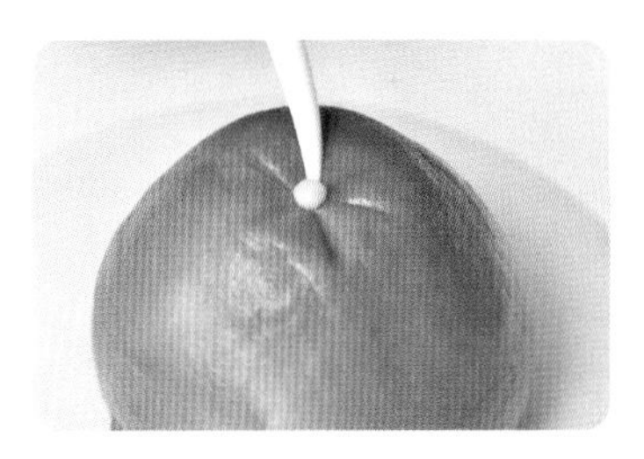

8 用雕塑工具做出紋路。

9 確認烤箱已達預熱溫度，入爐烘烤（見 P.38），先烘烤 20 分鐘，蓋上錫箔紙防止烤色過深，再繼續烘烤 15 分鐘至底部酥脆，出爐放涼。

母雞蛋黃酥

材料 ingredients

油皮／白色 18 克、白色 10 克、白色 1 克 ×2、紅色 1 克、黃色 1 克、粉紅色少許、黑色少許

油酥／白色 12 克

其他／鹹蛋黃 1 顆、奶油烏豆沙 20 克

做法 Step by Step

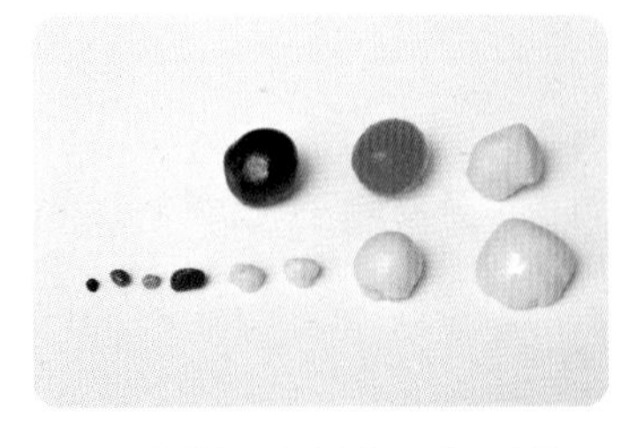

1 準備好材料，分別滾圓備用。

2 依 P.42「經典蛋黃酥」做法，完成一顆尚未烘烤前的蛋黃酥初胚。

3 將 10 克的白色油皮擀成 8 公分的正方形麵皮。

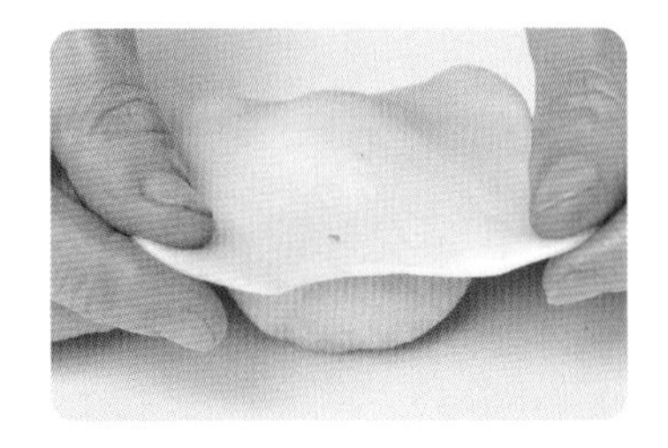

4 覆蓋在蛋黃酥初胚上。

5 慢慢將油皮麵皮延展上去，收口捏緊再壓扁。

6 取兩顆 1 克的白色油皮搓成水滴形後壓扁，當成翅膀備用。

7 將側身擦上少許清水，把翅膀黏貼在身體兩側，壓出翅膀紋路。

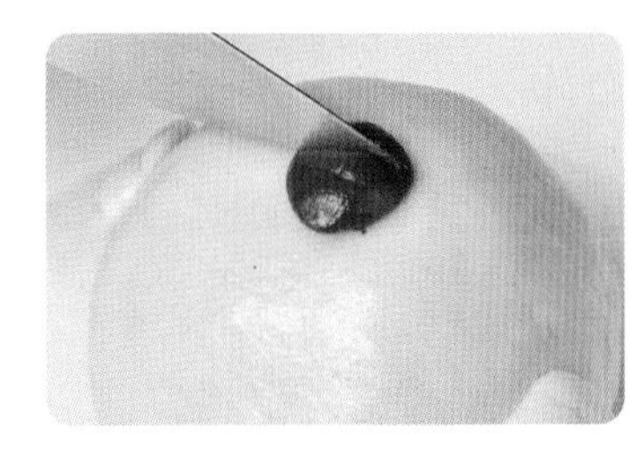

8 取 0.5 克紅色麵團搓成橢圓形，貼在身體上方，當成雞冠，用工具壓出壓痕。

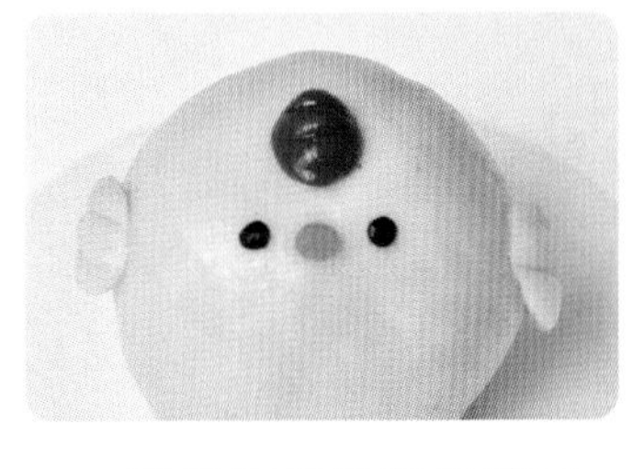

9 取少許黑色麵團滾圓做眼睛、少許黃色麵團滾圓做嘴巴。

10 取少許紅色麵團搓成兩顆水滴形做肉瘤，粉紅色麵團滾圓做腮紅。

11 確認烤箱已達預熱溫度，入爐烘烤（見 P.38），先烘烤 20 分鐘，蓋上錫箔紙防止烤色過深，再繼續烘烤 15 分鐘至底部酥脆，出爐放涼。

美姬老師小叮嚀

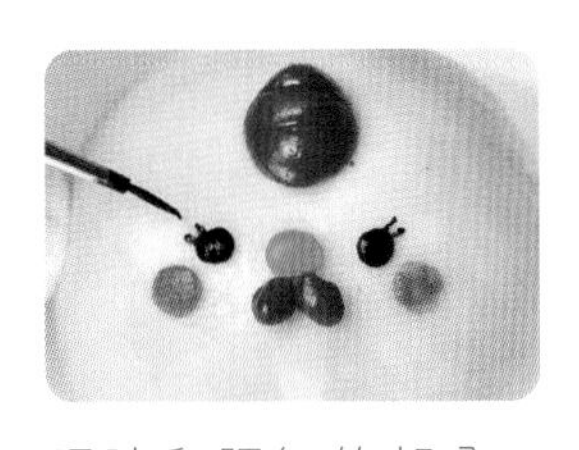

眼睛和腮紅的部分，也都可以用畫的。以眼睛為例，將竹炭粉加水，用水彩筆慢慢攪勻，可直接使用。

柿子蛋黃酥

材料 ingredients

油皮／白色 18 克、橘色 10 克、綠色 3 克
油酥／白色 12 克
其他／鹹蛋黃 1 顆、奶油烏豆沙 20 克、可可粉少許

做法 Step by Step

1 準備好材料，分別滾圓備用。

2 依 P.42「經典蛋黃酥」做法，完成一顆尚未烘烤前的蛋黃酥初胚。

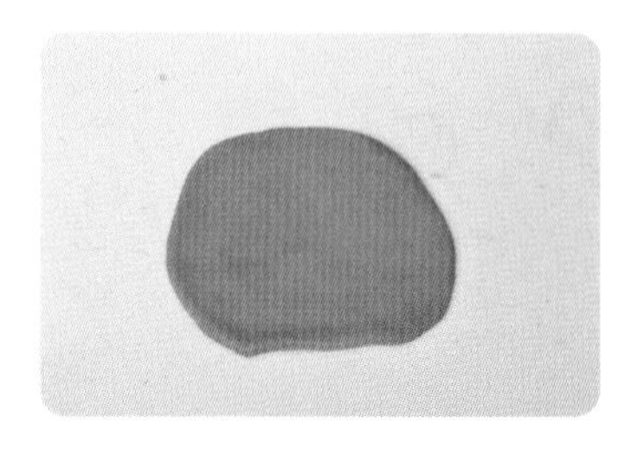

3 將 10 克橘色油皮擀成 8 公分的方形麵皮。

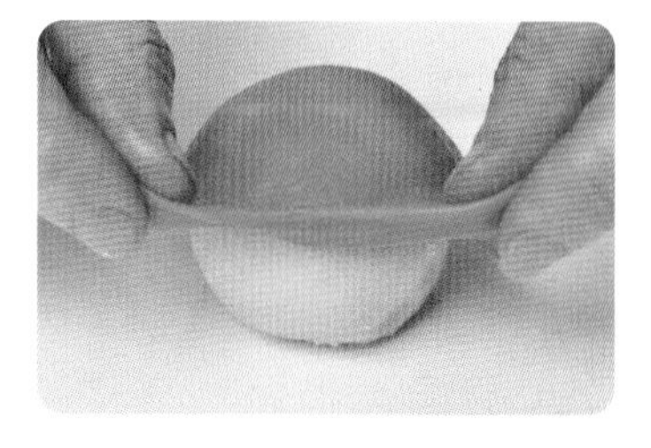

4 覆蓋在蛋黃酥初胚上。

5 慢慢將油皮麵皮延展上去，收口捏緊，當作柿子備用。

6 以切板背面壓出柿子的紋路。

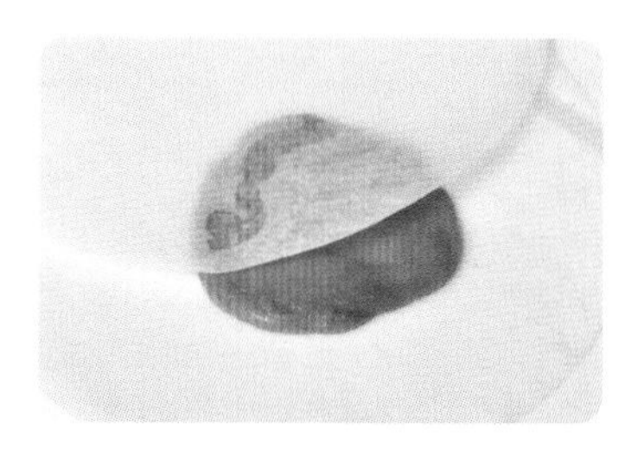

7 取 2 克綠色麵團滾圓後壓扁。

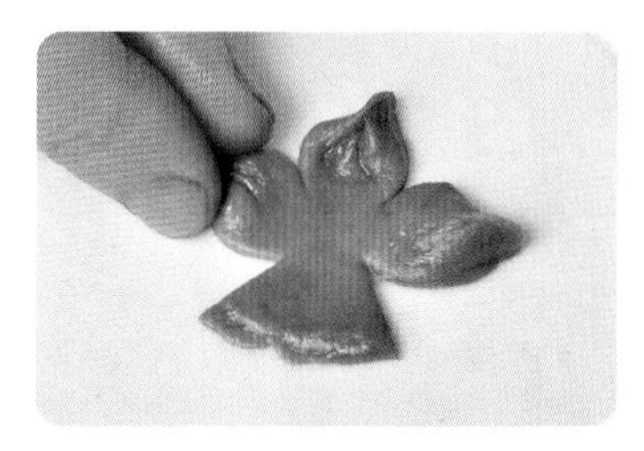

8 用切割板切成四等份，捏成葉子圖案。

9 黏貼在柿子頂端，並壓出紋路。

10 取剩下的 1 克綠色麵團滾圓，放在頂端當作蒂頭。

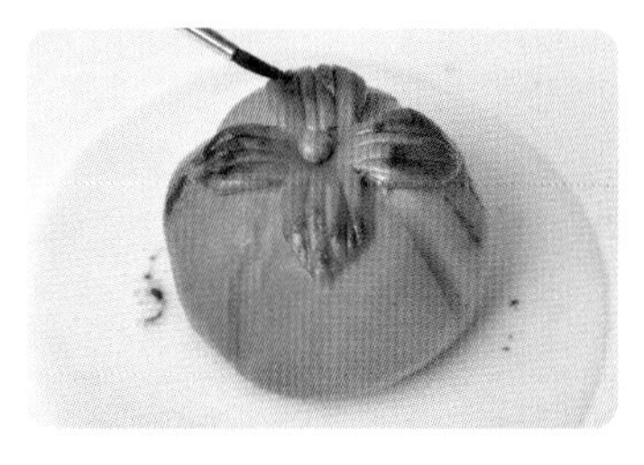

11 可可粉調成色膏，塗在蒂頭、葉子表面及柿子皮上。

12 確認烤箱已達預熱溫度，入爐烘烤（見 P.38），先烘烤 20 分鐘，蓋上錫箔紙防止烤色過深，再繼續烘烤 15 分鐘至底部酥脆，出爐放涼。

青蛙蛋黃酥

材料 ingredients

油皮／白色 18 克、綠色 10 克、白色 1.5 克、黑色少許、粉紅色少許
油酥／白色 12 克
其他／綠豆沙 20 克、肉鬆 5 克、竹炭粉少許

做法 Step by Step

1 準備好材料，分別滾圓備用。

2 取綠豆沙餡及肉鬆，依 P.24「學會內餡—綠豆肉鬆餡」做法，完成綠豆沙肉鬆餡。

3 依 P.42「經典蛋黃酥」做法，完成一顆尚未烘烤前的蛋黃酥初胚。

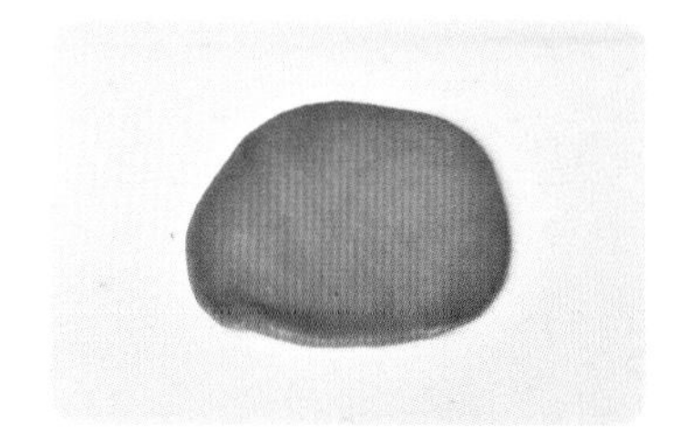

4 將 10 克綠色油皮擀成 8 公分的方形麵皮。

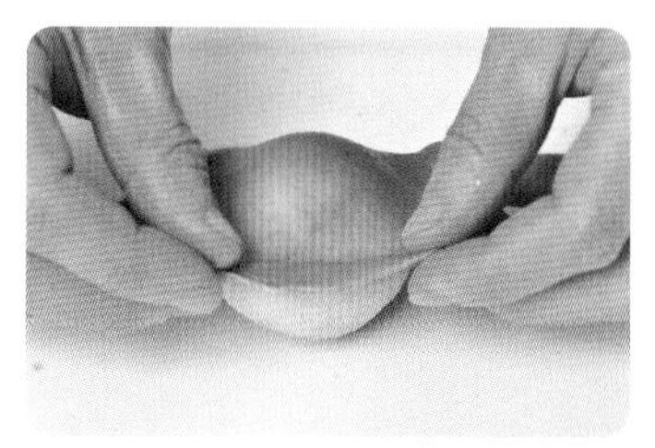

5 覆蓋在蛋黃酥初胚上。

6 慢慢將油皮麵皮延展上去，收口捏緊。

7 取 1.5 克白色油皮搓成 2 個小球，黏在頂端做上眼睛。

8 取黑色麵團搓成 2 個小球，做成眼珠。

9 取粉紅色麵團搓成 2 個小球，做成腮紅。

10 竹炭粉調水成墨汁狀，以細毛筆沾取墨水畫上嘴巴。

11 確認烤箱已達預熱溫度，入爐烘烤（見 P.38），先烘烤 20 分鐘，蓋上錫箔紙防止烤色過深，再繼續烘烤 15 分鐘至底部酥脆，出爐放涼。

花生蛋黃酥

材料 ingredients

油皮／白色 18 克、淡棕色 12 克
油酥／白色 12 克
其他／松子烏豆沙 12 克 ×2、麵點夾

做法 Step by Step

1 準備好材料，分別滾圓備用。

2 依 P.42「經典蛋黃酥」做法，將 18 克白色油皮及 12 克白色油酥完成二次擀捲。

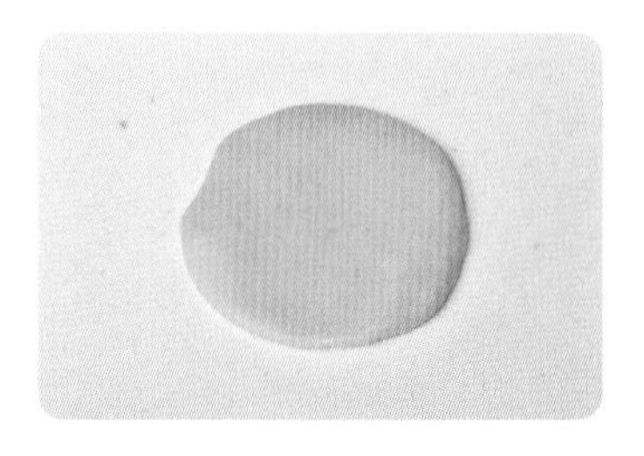

3 將麵皮擀成圓形。

4 放上 2 顆松子烏豆沙。

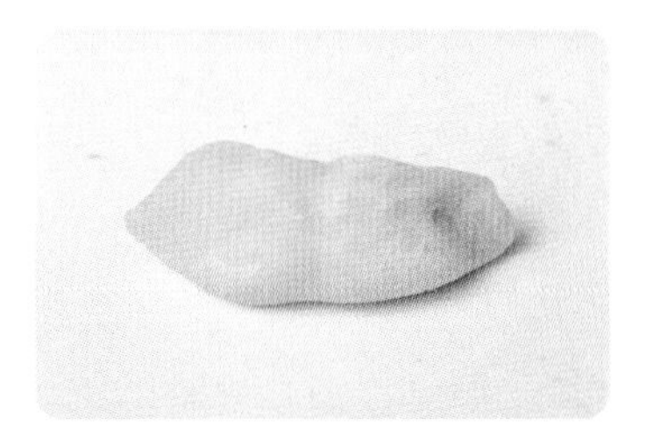

5 像包水餃般包裹起來。

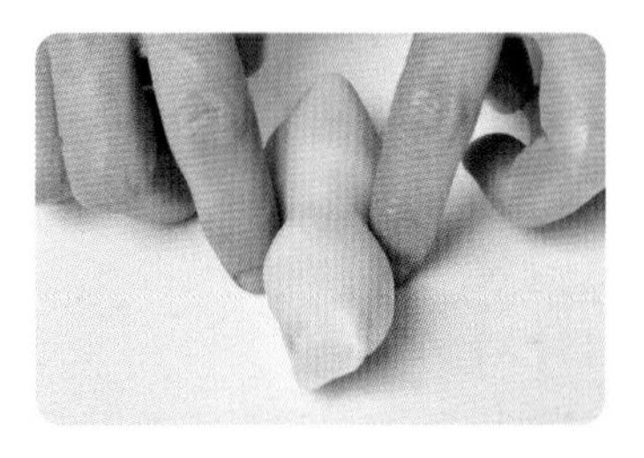

6 塑形成花生的形狀。

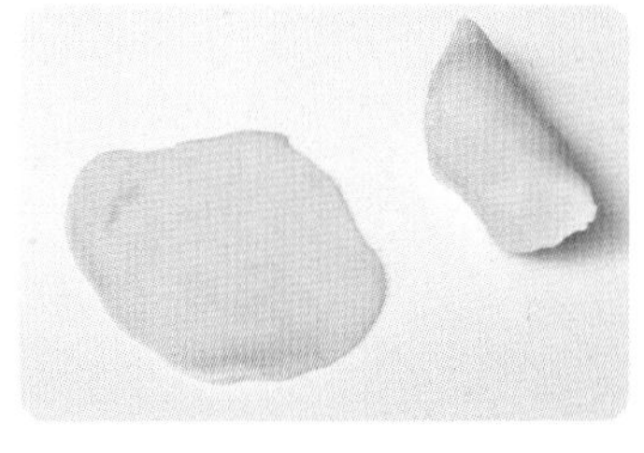

7 將 12 淡棕色油皮擀成 8 公分的方形麵皮。

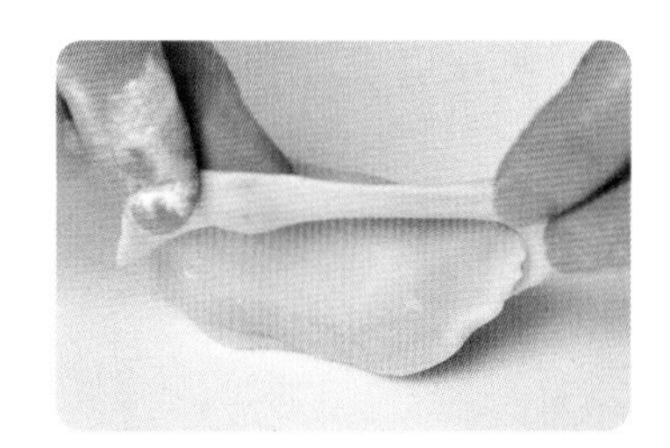

8 覆蓋在步驟 6 上。

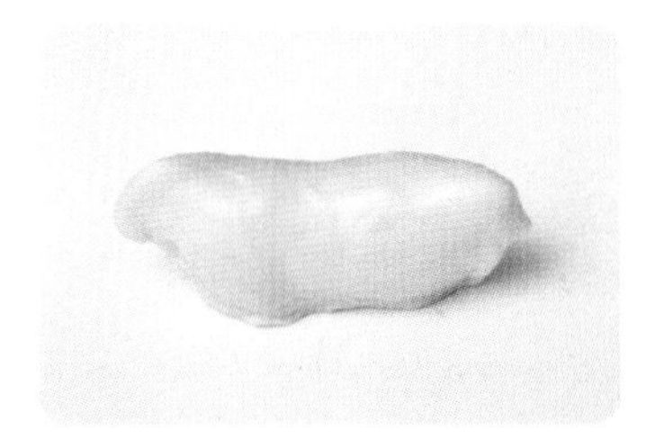

9 慢慢將油皮麵皮延展上去，收口捏緊。

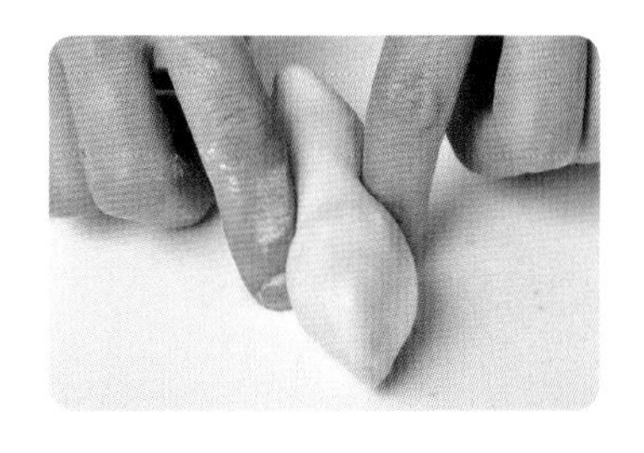

10 將中間捏細，塑形成花生狀。

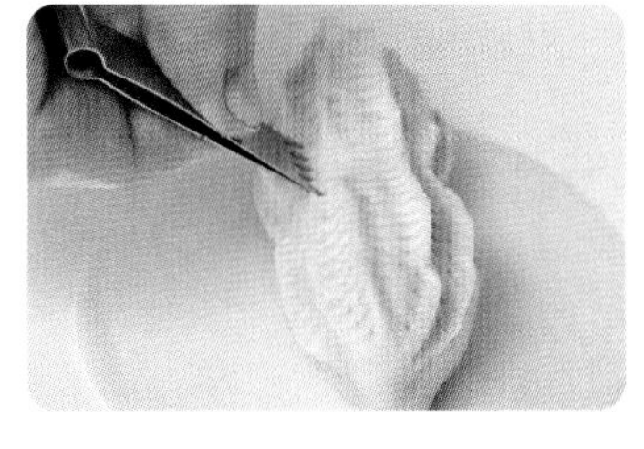

11 用麵點夾夾出花生紋路。

12 確認烤箱已達預熱溫度，入爐烘烤（見 P.38），先烘烤 20 分鐘，蓋上錫箔紙防止烤色過深，再繼續烘烤 15 分鐘至底部酥脆，出爐放涼。

瓢蟲蛋黃酥

材料 ingredients

油皮／白色 18 克、紅色 10 克、白色少許
油酥／白色 12 克
其他／鹹蛋黃 1 顆、奶油烏豆沙 20 克、竹炭粉少許

做法 Step by Step

1 準備好材料，分別滾圓備用。

2 依P.42「經典蛋黃酥」做法，完成一顆尚未烘烤前的蛋黃酥初胚。

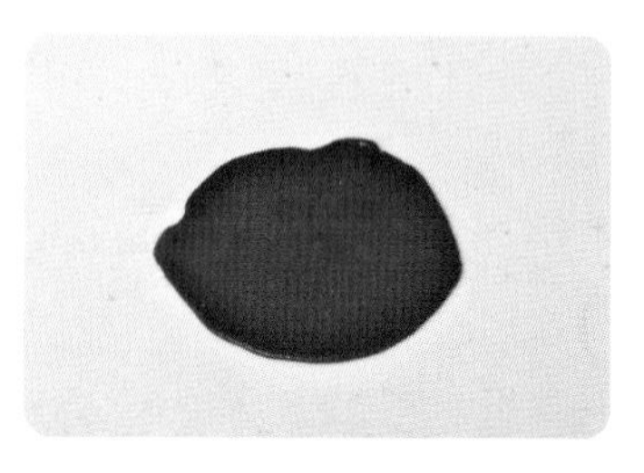

3 將 10 克紅色油皮擀成 8 公分的方形麵皮。

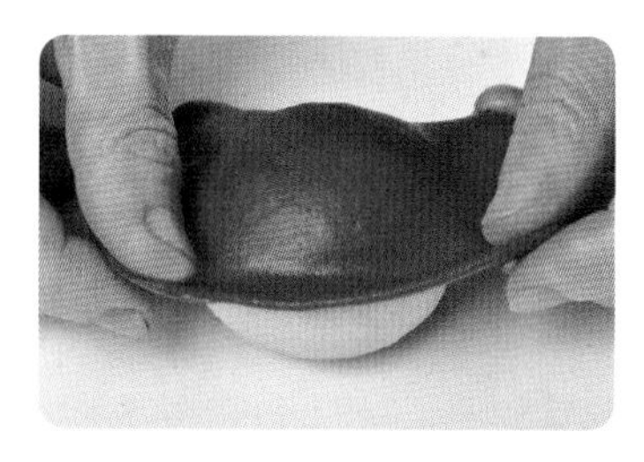

4 覆蓋在蛋黃酥初胚上。

5 慢慢將油皮麵皮延展上去，收口捏緊，略微壓扁。

6 竹炭粉調水成墨汁狀，以細毛筆沾取墨水畫上頭部和斑點。

7 取白色油皮搓 2 顆小米大小的圓，做成眼睛，略微壓扁。

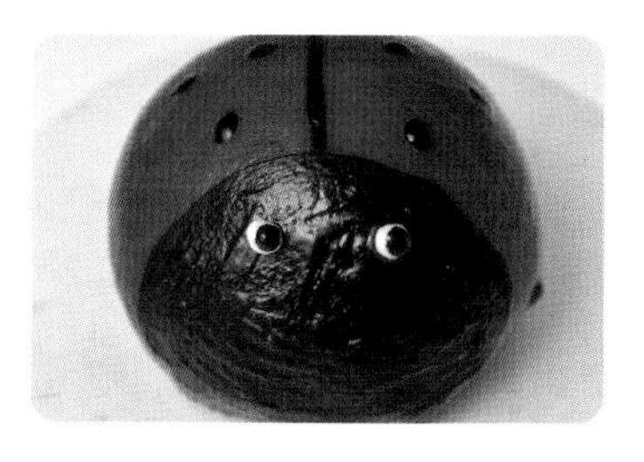

8 用竹炭墨汁畫上黑色眼珠。

9 確認烤箱已達預熱溫度，入爐烘烤（見P.38），先烘烤 20 分鐘，蓋上錫箔紙防止烤色過深，再繼續烘烤 15 分鐘至底部酥脆，出爐放涼。

香菇蛋黃酥

材料 ingredients

油皮／白色 18 克、10 克、5 克
油酥／白色 12 克、2 克
其他／松子烏豆沙 30 克、可可粉少許、麥芽糖少許

做法 Step by Step

1 準備好材料，分別滾圓備用。

2 以 18 克油皮包裹 12 克油酥（見 P.30），滾圓鬆弛備用。

3 鬆弛好的油皮油酥麵團經過兩次擀捲（步驟請見 P.31），覆蓋塑膠袋鬆弛備用。

4 步驟 3 鬆弛好，組合擀成圓片（見 P.33），放上松子烏豆沙，收圓後，收口朝下再略微壓扁。

5 將 10 克的油皮擀成長方形麵皮備用。

6 覆蓋在略微壓扁的包餡麵團上，包好後將收口收緊。

7 可可粉與水以 1：2 比例調勻，刷在步驟 6 的表面上，完成菇傘造型。

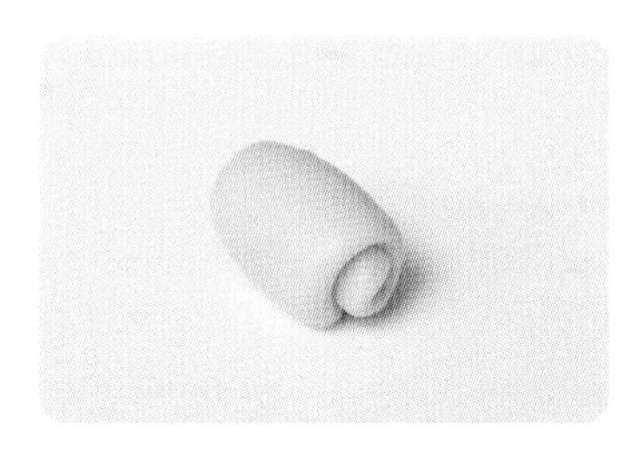

8 將 5 克油皮包裹 2 克油酥，滾圓鬆弛後，經過兩次擀捲完成蒂頭造型，鬆弛備用。

9 確認烤箱已達預熱溫度 180°C，將步驟 7、8 放入烤爐烘烤（見 P.38）20 分鐘後取出蒂頭，菇傘繼續烘烤 10 分鐘。

10 出爐菇傘放涼後，底部以工具挖出洞口

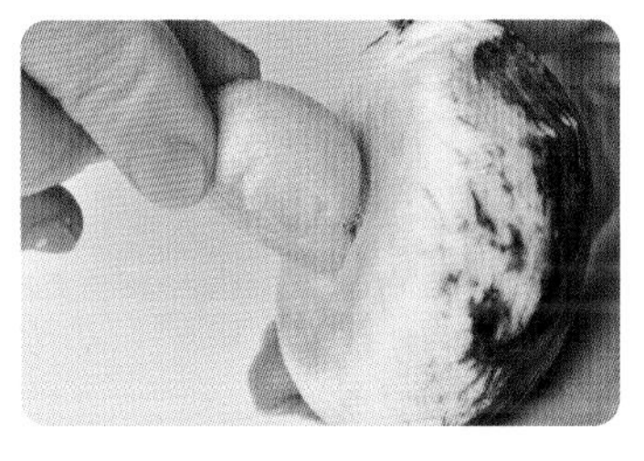

11 將蒂頭沾上麥芽糖，與菇傘組合在一起。

12 完成香菇造型蛋黃酥。

橘子蛋黃酥

材料 ingredients

油皮／白色 18 克、橘色 10 克、綠色少許、白色少許
油酥／白色 12 克
其他／鹹蛋黃 1 顆、奶油烏豆沙 20 克

做法 Step by Step

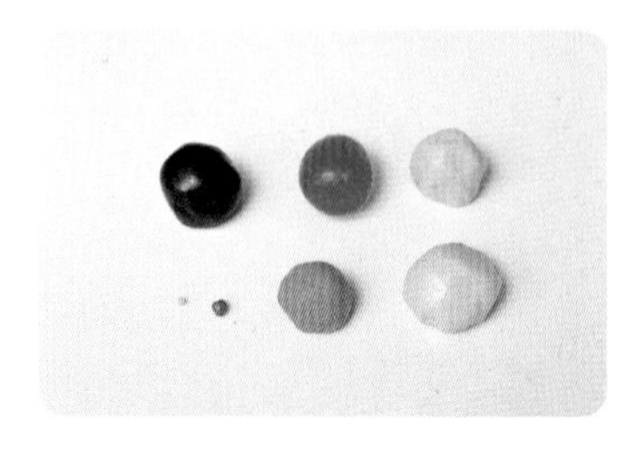

1 準備好材料，分別滾圓備用。

2 依 P.42「經典蛋黃酥」做法，完成一顆尚未烘烤前的蛋黃酥初胚。

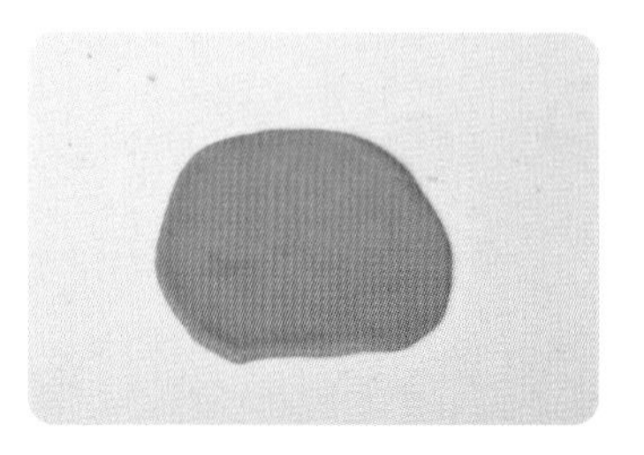

3 將 10 克橘色油皮擀成 8 公分的方形麵皮。

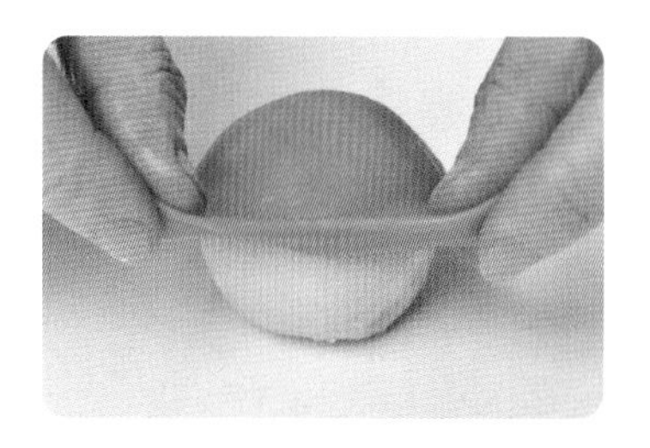

4 覆蓋在蛋黃酥初胚上。

5 慢慢將油皮麵皮延展上去，收口捏緊。

6 取一把牙籤綁起，在橘子表面壓出紋路。

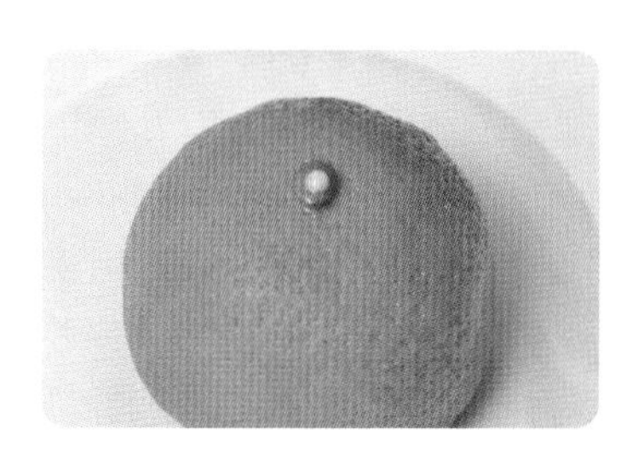

7 取綠色麵團搓圓，貼在頂端；再放上白色麵團小點。

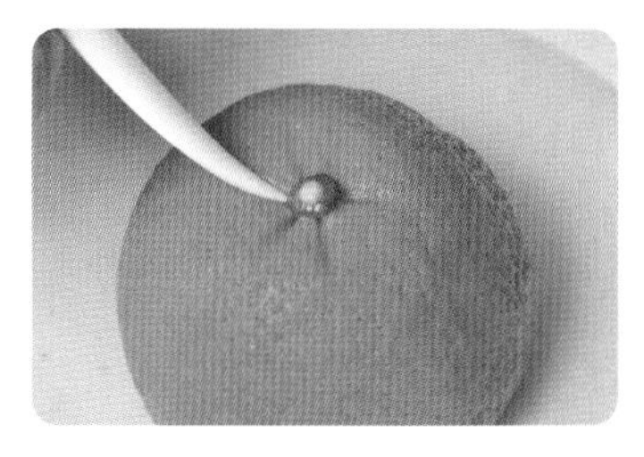

8 用雕塑工具壓出橘子紋路。

9 確認烤箱已達預熱溫度，入爐烘烤（見 P.38），先烘烤 20 分鐘，蓋上錫箔紙防止烤色過深，再繼續烘烤 15 分鐘至底部酥脆，出爐放涼。

豆腐鯊蛋黃酥

材料 ingredients

油皮／白色 18 克、藍色 10 克、藍色 1 克 ×2、白色 2 克、粉紅色少許、白色少許、黑色少許

油酥／白色 12 克

其他／鹹蛋黃 1 顆、奶油烏豆沙 20 克

做法 Step by Step

1 準備好材料，分別滾圓備用。

2 依 P.42「經典蛋黃酥」做法，完成一顆尚未烘烤前的蛋黃酥初胚。

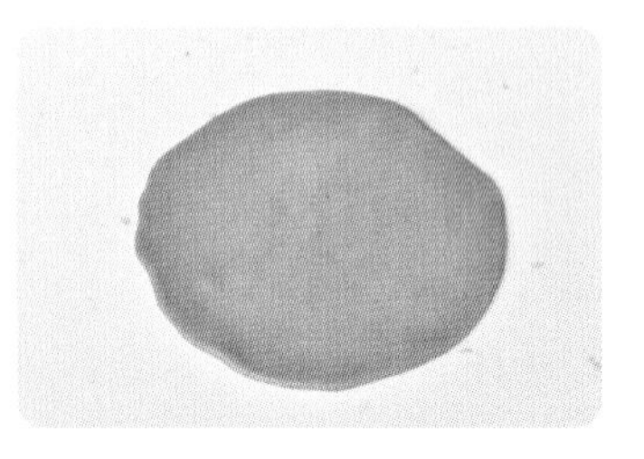

3 將 10 克的藍色油皮擀成 8 公分的正方形麵皮。

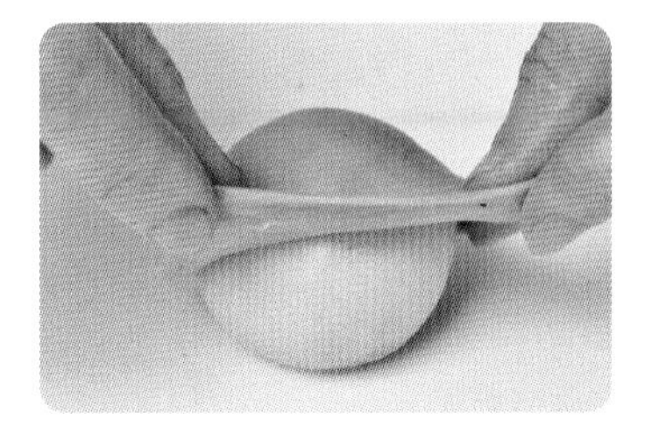

4 覆蓋在蛋黃酥初胚上。

5 慢慢將油皮麵皮延展上去，收口捏緊再壓扁。

6 取 2 克白色油皮，做成半圓形，貼在下方做肚皮。

7 取 2 份 1 克藍色油皮，搓成水滴形，貼在兩側並略微翹起，當成魚翅。

8 取少許白色油皮，搓成大小不一的小圓，貼在頂端當成斑點。

9 取黑色油皮，搓成 2 顆小米大小的圓，做成眼睛。

10 取黑色油皮，搓成約 1.5 公分長的細線，做成嘴巴。，也可用竹炭粉調水成墨汁，畫上嘴巴。

11 取粉紅色油皮，搓成 2 顆小米大小的圓，做成腮紅。

12 確認烤箱已達預熱溫度，入爐烘烤（見 P.38），先烘烤 20 分鐘，蓋上錫箔紙防止烤色過深，再繼續烘烤 15 分鐘至底部酥脆，出爐放涼。

蘋果蛋黃酥

材料 ingredients

油皮／白色 18 克、紅色 10 克、綠色 1 克、棕色少許
油酥／白色 12 克
其他／鹹蛋黃 1 顆、奶油烏豆沙 20 克

做法 Step by Step

1 準備好材料，分別滾圓備用。

2 依 P.42「經典蛋黃酥」做法，完成一顆尚未烘烤前的蛋黃酥初胚。

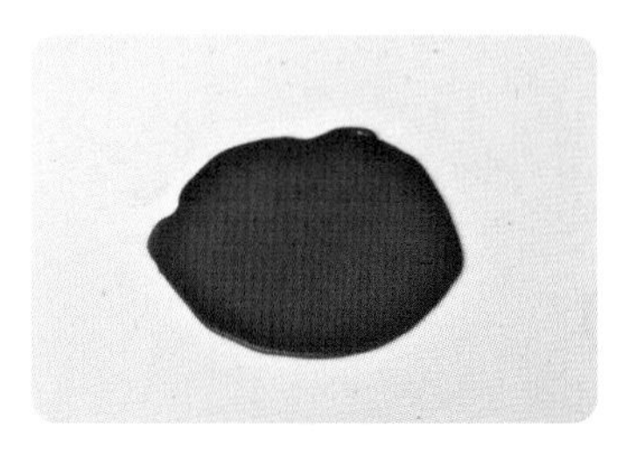

3 將 10 克紅色油皮擀成 8 公分的方形麵皮。

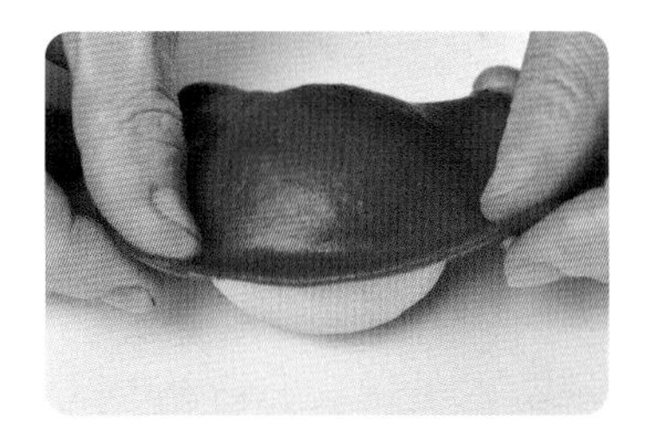

4 覆蓋在蛋黃酥初胚上。

5 慢慢將油皮麵皮延展上去，收口捏緊，略微壓扁。

6 在頂端壓出凹洞。

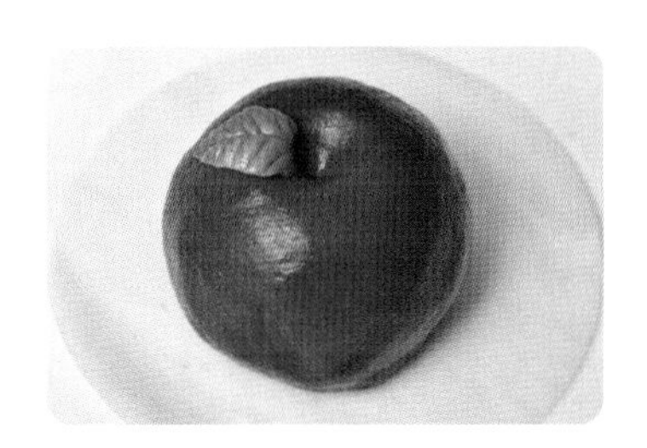

7 取綠色麵團做成葉子貼上。

8 取棕色麵團做成梗貼上。

9 確認烤箱已達預熱溫度，入爐烘烤（見 P.38），先烘烤 20 分鐘，蓋上錫箔紙防止烤色過深，再繼續烘烤 15 分鐘至底部酥脆，出爐放涼。

招財貓蛋黃酥

材料 ingredients

油皮／白色 18 克、白色 10 克、白色 0.5 克 ×2、白色少許、黃色 1 克、紅色 1 克、粉紅色少許、黑色少許、綠色少許

油酥／白色 12 克

其他／鹹蛋黃 1 顆、奶油烏豆沙 20 克、竹炭粉少許

做法 Step by Step

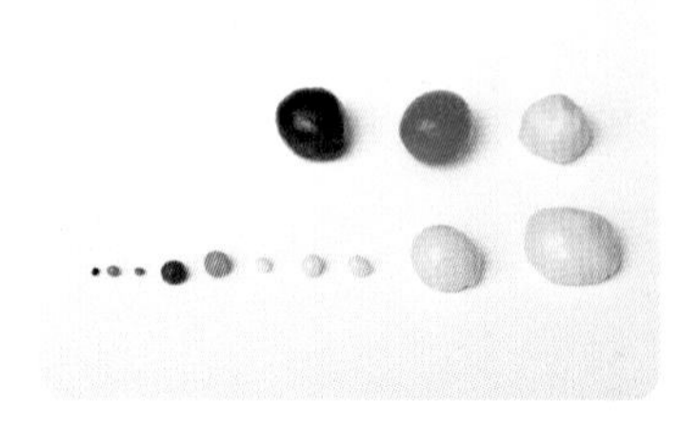

1 準備好材料，分別滾圓備用。

2 依 P.42「經典蛋黃酥」做法，完成一顆尚未烘烤前的蛋黃酥初胚。

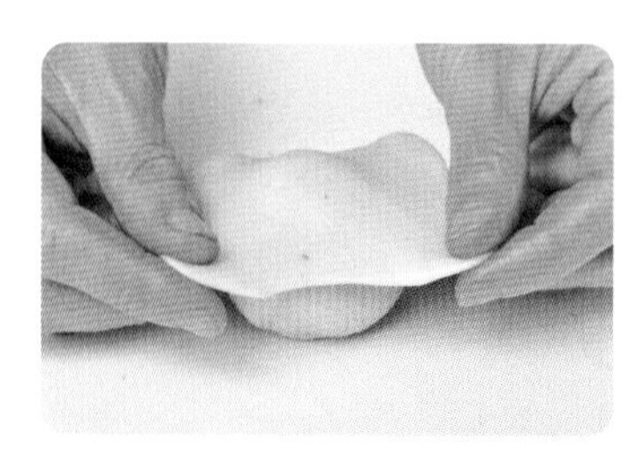

3 將 10 克的油皮擀成方形麵皮備用，覆蓋在蛋黃酥初胚上。

4 慢慢將油皮麵皮延展上去，收口捏緊。

5 取 2 顆綠豆大的白色小球做成耳朵，少許紅色麵團滾圓做內耳。

6 將耳朵稍微捏尖。

7 取黃色麵團 1 克，搓成橢圓形貼在身上做金牌。

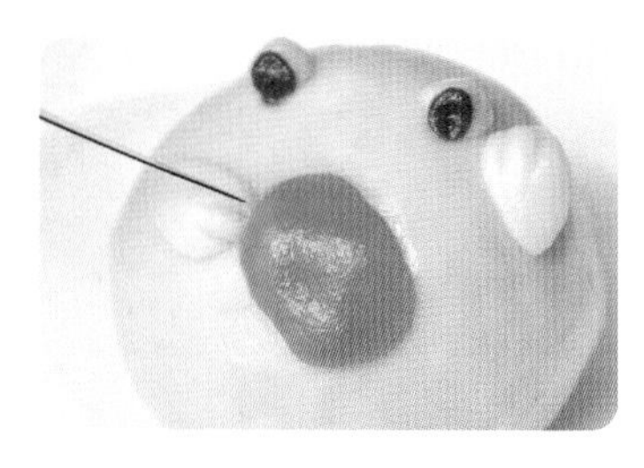

8 取 2 顆 0.5 克白色麵團搓成水滴形，貼在身體倆側，壓出貓爪。

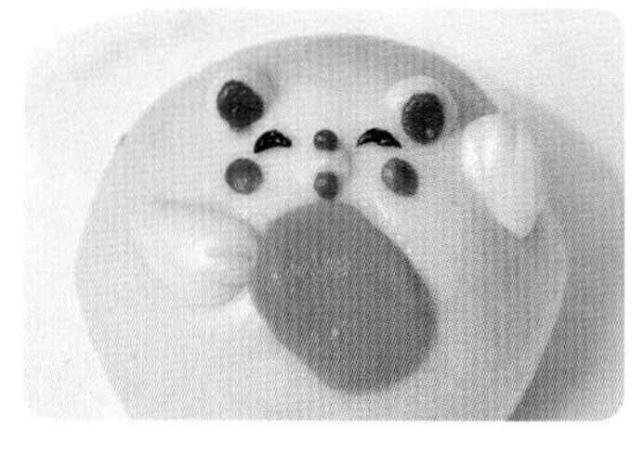

9 取白色麵團做上鼻子。紅色麵團做鼻頭、腮紅和嘴巴、黑色做眼睛。

10 取粉色麵團做出小花，綠色麵團做上葉子裝飾。

11 竹炭粉調水成墨汁狀，以細毛筆沾取墨水畫上千萬兩和睫毛。

12 入爐烘烤（見 P.38），先烘烤 20 分鐘，蓋上錫箔紙防止烤色過深，再繼續烘烤 15 分鐘至底部酥脆，出爐放涼。

棕熊蛋黃酥

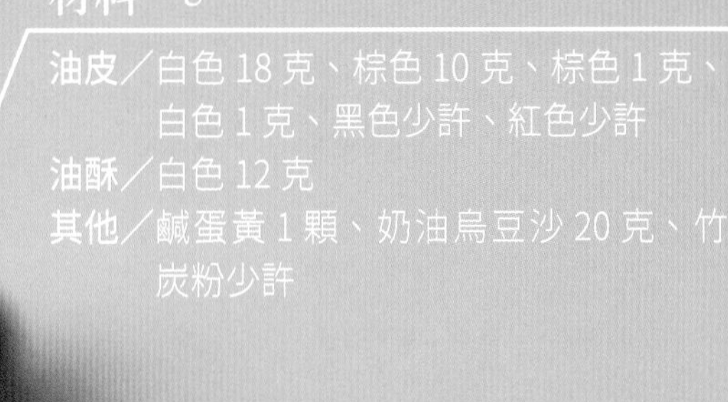

材料 ingredients

油皮／白色 18 克、棕色 10 克、棕色 1 克、白色 1 克、黑色少許、紅色少許

油酥／白色 12 克

其他／鹹蛋黃 1 顆、奶油烏豆沙 20 克、竹炭粉少許

做法 Step by Step

1 準備好材料，分別滾圓備用。

2 依 P.42「經典蛋黃酥」做法，完成一顆尚未烘烤前的蛋黃酥初胚。

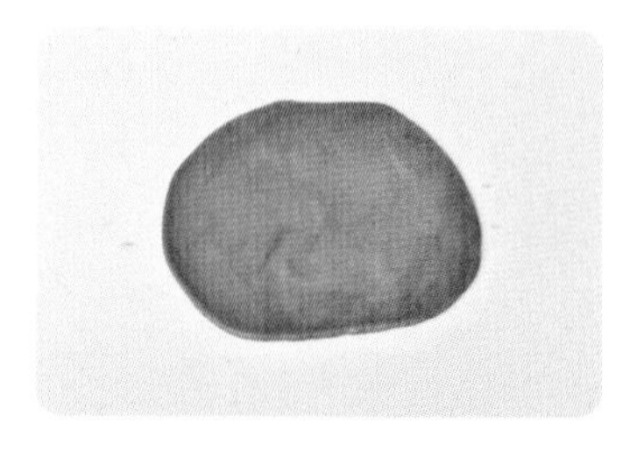

3 將 10 克的棕色油皮擀成 8 公分的正方形麵皮。

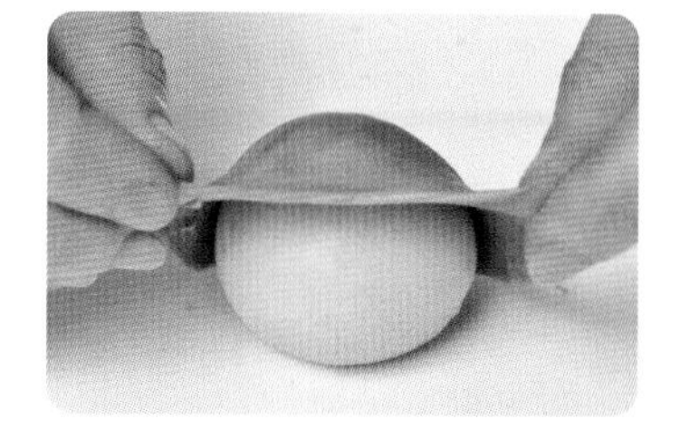

4 覆蓋在蛋黃酥初胚上。

5 慢慢將油皮麵皮延展上去，收口捏緊。

6 取 1 克棕色麵團搓成 2 個圓球，黏在頂端做耳朵。

7 取 1 克白色麵團搓成 2 顆綠豆大小及 1 顆黃豆大小的圓球，分別做成內耳及鼻子，並將鼻子略微壓扁。

8 取黑色麵團，搓成小圓球，做成眼睛及鼻頭。

9 用紅色麵團搓圓做腮紅。

10 用竹炭墨汁畫上眉毛及嘴巴。

11 確認烤箱已達預熱溫度，入爐烘烤（見 P.38），先烘烤 20 分鐘，蓋上錫箔紙防止烤色過深，再繼續烘烤 15 分鐘至底部酥脆，出爐放涼。

老虎蛋黃酥

材料 ingredients

油皮／白色 18 克、黃色 10 克、黃色 3 克、白色 2 克、粉紅色少許
油酥／白色 12 克
其他／鹹蛋黃 1 顆、奶油烏豆沙 20 克、竹炭粉少許

做法 Step by Step

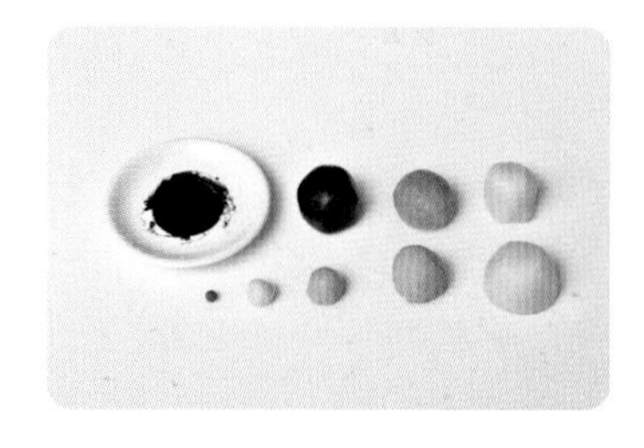

1 準備好材料，分別滾圓備用。

2 依 P.42「經典蛋黃酥」做法，完成一顆尚未烘烤前的蛋黃酥初胚。

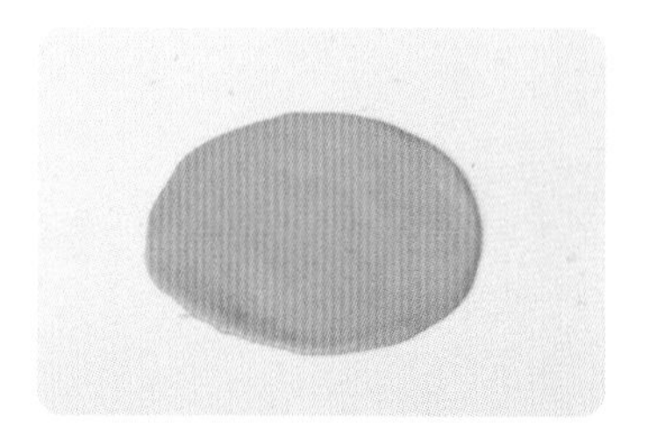

3 將 10 克的黃色油皮擀成 8 公分的正方形麵皮。

4 覆蓋在蛋黃酥初胚上。

5 慢慢將油皮麵皮延展上去，收口捏緊。

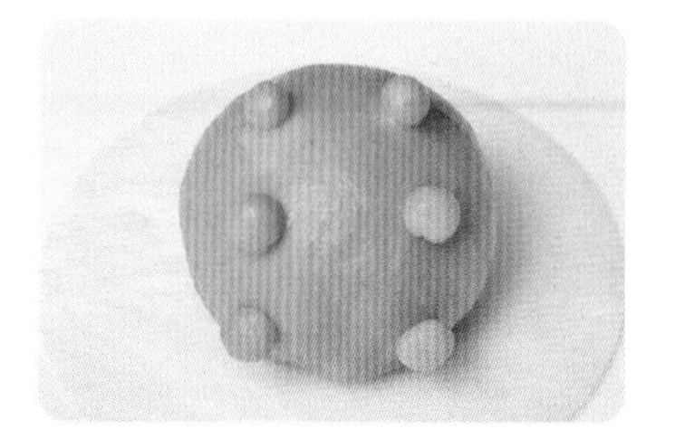

6 取 3 克黃色油皮搓成 6 個小球，2 個做耳朵、4 個做手腳。

7 取 2 克白色油皮，分成 1.5 克搓圓做肚皮、0.5 克搓圓做鼻子。

8 取粉紅色油皮，搓成 3 顆小米大小的圓，取 1 顆做嘴巴。

9 取剩下的 2 顆做腮紅。

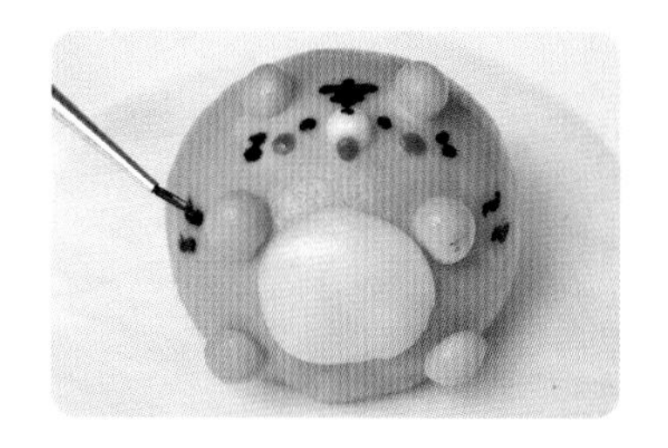

10 竹炭粉調水成墨汁狀，以細毛筆沾取墨水畫上眼睛鼻頭和斑紋。

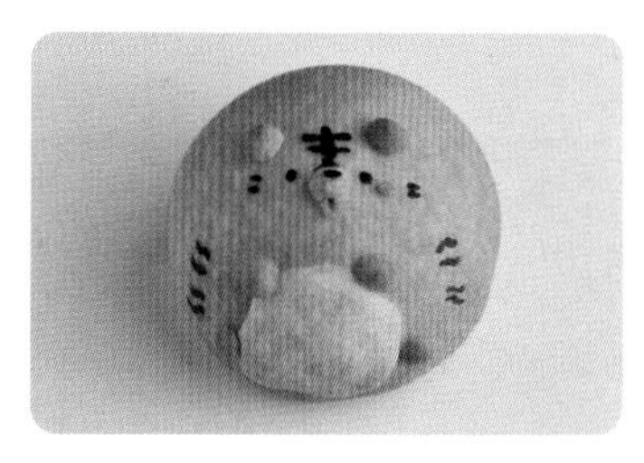

11 確認烤箱已達預熱溫度，入爐烘烤（見 P.38），先烘烤 20 分鐘，蓋上錫箔紙防止烤色過深，再繼續烘烤 15 分鐘至底部酥脆，出爐放涼。

經典菊花酥

材料 ingredients

油皮／白色 18g 克
油酥／白色 12 克
其他／松子烏豆沙 30 克、蛋黃少許

做法 Step by Step

1 準備好材料，分別滾圓備用。

2 依 P.42「經典蛋黃酥」做法，完成一顆尚未烘烤前的蛋黃酥初胚。

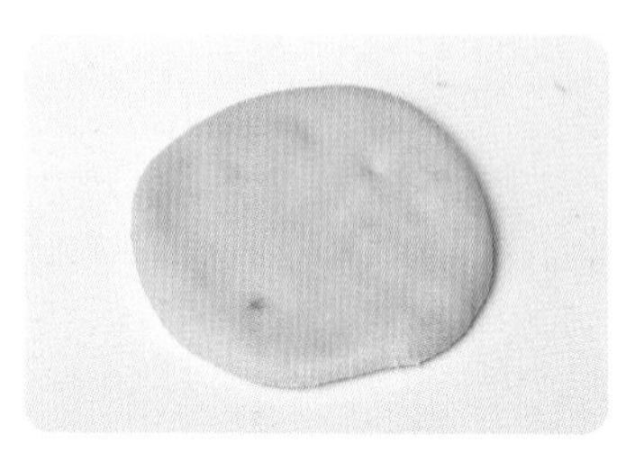

3 將蛋黃酥初胚壓扁後，擀成直徑 10 公分左右的圓形。

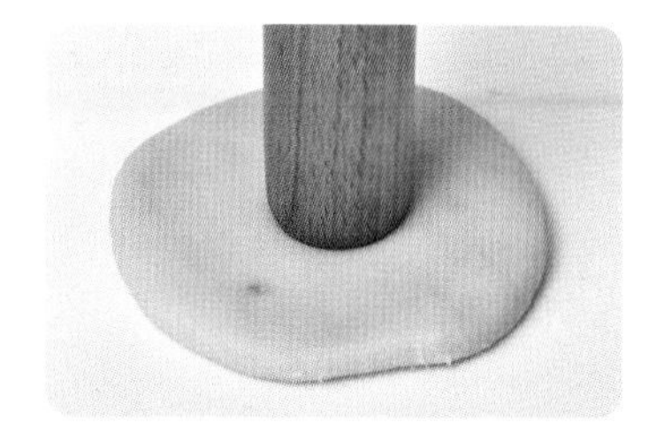

4 用擀麵棍底部在步驟 3 的中央壓出一個圓形。

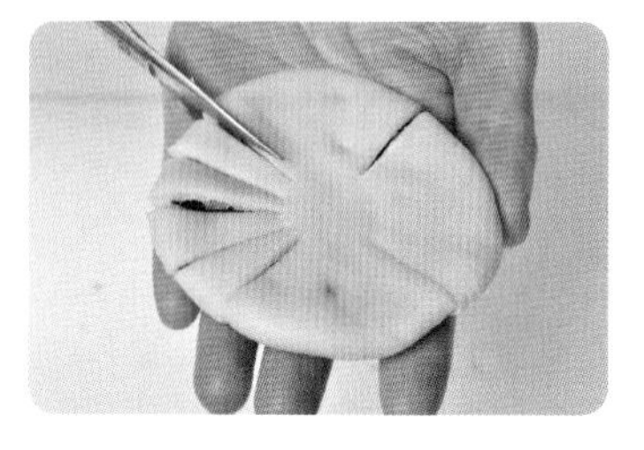

5 以剪刀剪成 16 片花瓣，每一瓣大小盡量一致。

6 可以先分四等份，再將每一等份分成兩小等份，再將每一小等份，再分成兩小小等份。

7 每一瓣將內餡面翻上來。

8 動作要小心輕柔，以免扭斷花瓣。

9 中央抹上蛋黃液。

10 確認烤箱已達預熱溫度，入爐烘烤（見 P.38）25 分鐘至底部酥脆，出爐放涼。

美姬老師小叮嚀

蛋黃上方也可撒上白麻當成花蕊。

櫻花菊花酥

材料 ingredients

油皮／粉紅色 18 克
油酥／白色 12 克
其他／松子烏豆沙 30 克、蛋黃少許

做法 Step by Step

1 準備好材料，分別滾圓備用。

2 依 P.42「經典蛋黃酥」做法，完成一顆尚未烘烤前的粉紅色蛋黃酥初胚。

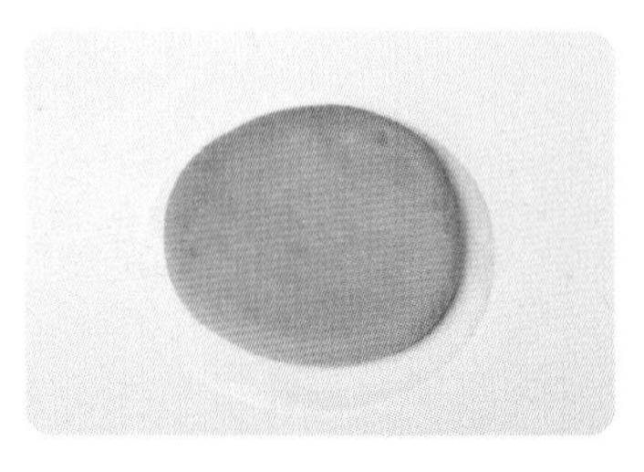

3 將蛋黃酥初胚壓扁後，擀成直徑 8 公分左右的圓形。

4 用擀麵棍底部在步驟 3 的中央壓出一個凹洞。

5 以剪刀剪成 8 片花瓣，每一瓣大小盡量一致。

6 可以先分四等份，再將每一等份分成兩小等份。

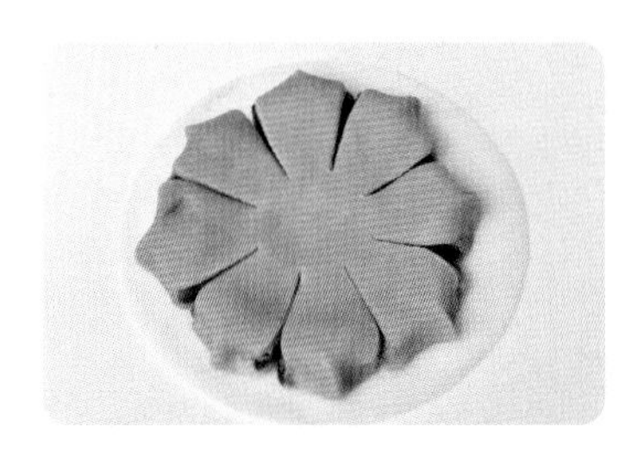

7 捏出花瓣形狀。

8 用小刀壓出花瓣紋路。

9 中央抹上蛋黃液。

10 確認烤箱已達預熱溫度，入爐烘烤（見 P.38）25 分鐘至底部酥脆，出爐放涼。

PART 03

造型千層酥

紫薯千層酥

材料 ingredients（2 顆）

油皮／白色 36 克
油酥／紫薯 24 克
其他／鹹蛋黃 2 顆、奶油烏豆沙 20 克 ×2

做法 Step by Step

1 準備好材料，分別滾圓備用。

2 奶油烏豆沙包裹鹹蛋黃（見 P.21），略微冷凍定型備用。

3 以油皮包裹紫薯油酥（見 P.30）。

4 收口捏緊鬆弛備用。

5 鬆弛好的油皮油酥麵團經過兩次擀捲（見 P.31），覆蓋塑膠袋鬆弛備用。

6 將鬆弛好的油皮油酥麵團取出，以小刀將麵團切成兩半。

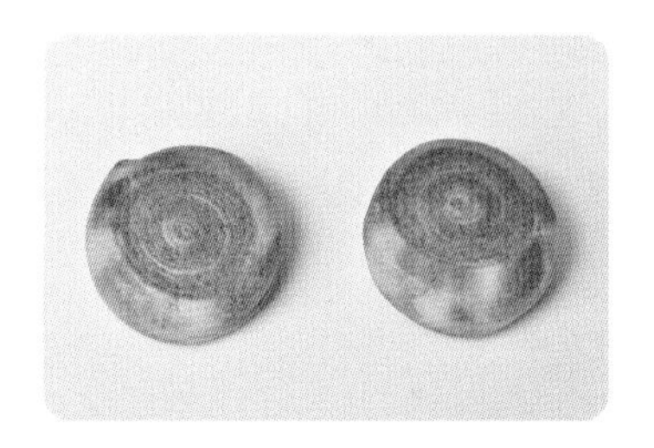

7 切口朝下，用手略微壓扁，再翻面（切口面朝上），鬆弛 20 分鐘。

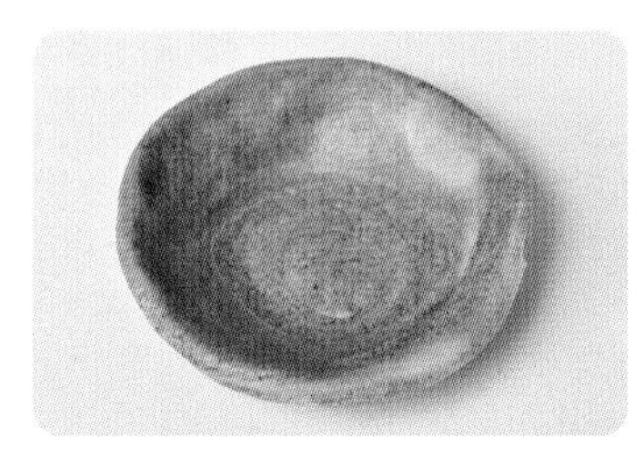

8 用擀麵棍擀成直徑約 10 公分的麵皮。

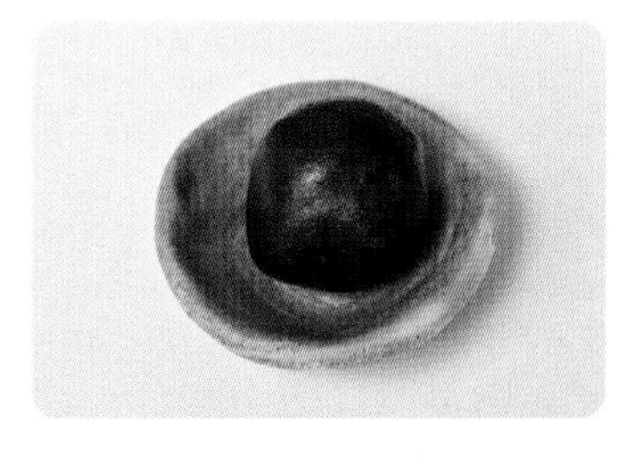

9 將麵皮翻面（切口面朝下），放上步驟 2 的內餡。

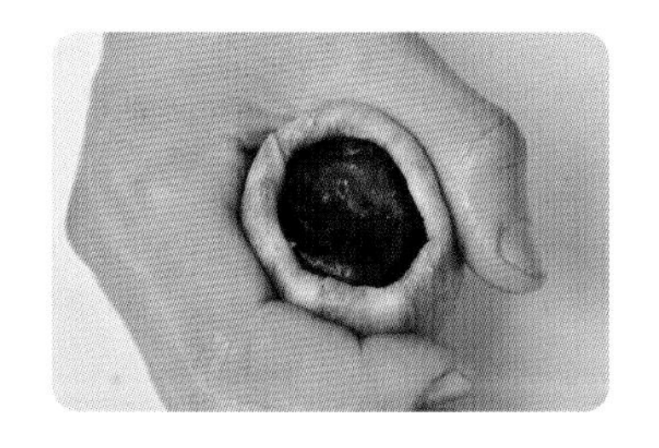

10 以虎口的力量，慢慢把內餡包裹住。

11 收口處捏緊後，將捏合處壓平，將收口處朝下擺放，鬆弛 20 分鐘。

12 確認烤箱已達預熱溫度，入爐烘烤（見 P.38）30 分鐘至底部酥脆，出爐放涼。

經典千層酥

材料 ingredients（2 顆）

油皮／白色 36 克
油酥／白色 24 克
其他／鹹蛋黃 2 顆、奶油烏豆沙 20 克 ×2

做法 Step by Step

1 準備好材料，分別滾圓備用。

2 奶油烏豆沙包裹鹹蛋黃（見 P.21），略微冷凍定型備用。

3 以油皮包裹油酥（見 P.30），將麵團放在虎口處，慢慢收圓。

4 收合處捏緊，鬆弛備用。

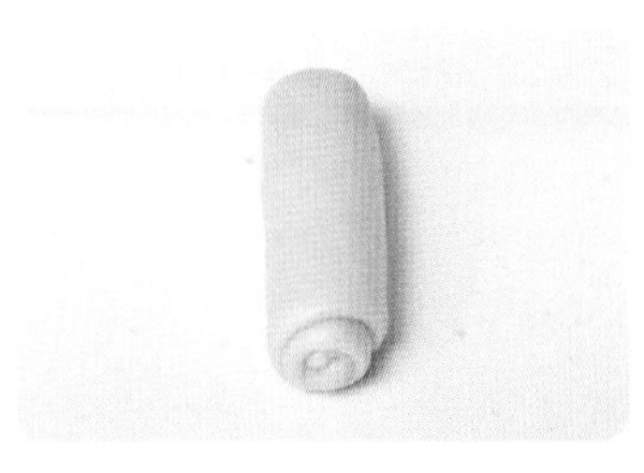

5 鬆弛好的油皮油酥麵團經過兩次擀捲（見 P.31），覆蓋塑膠袋鬆弛備用。

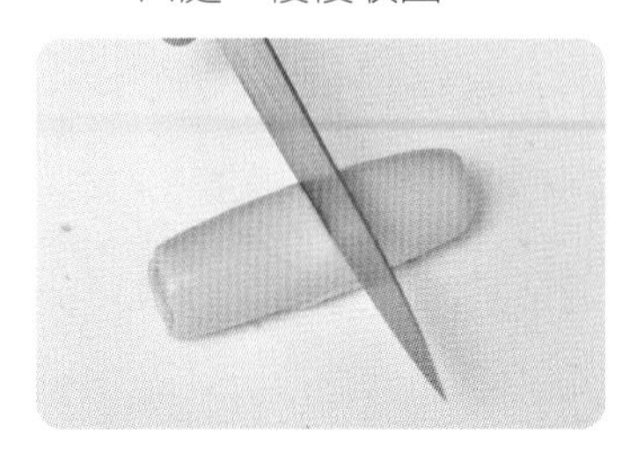

6 將鬆弛好的油皮油酥麵團取出，以小刀將麵團切成兩半。

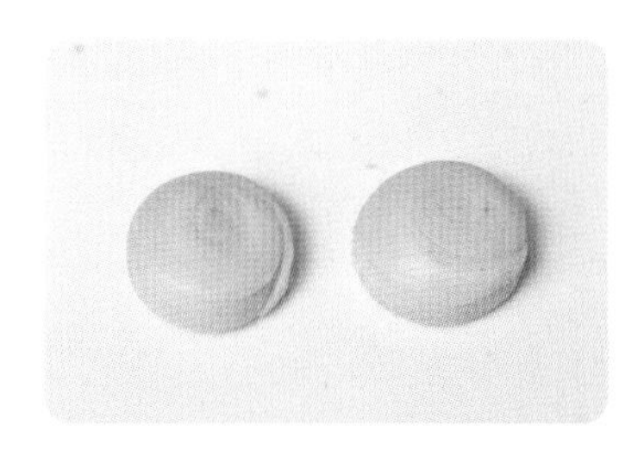

7 切口朝下，用手略微壓扁，鬆弛 20 分鐘。

8 將鬆弛過後的麵團翻面（切口面朝上），用擀麵棍擀成直徑約 10 公分的麵皮。

9 將麵皮翻面（切口面朝下），放上烏豆沙鹹蛋黃餡。

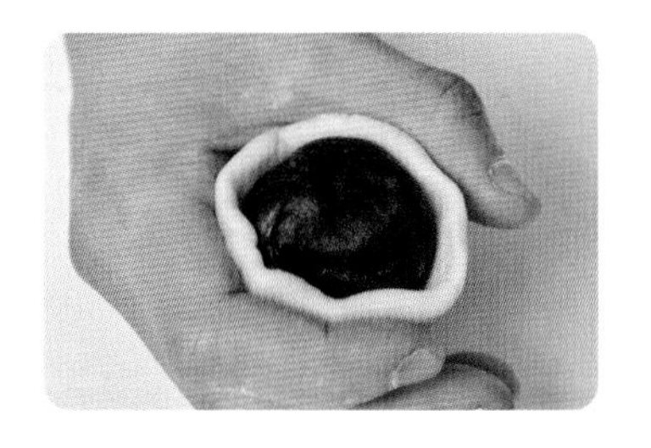

10 以虎口的力量，慢慢把烏豆沙鹹蛋黃餡包裹住。

11 收口處捏緊後，將捏合處壓平，將收口處朝下擺放，鬆弛 20 分鐘。

12 確認烤箱已達預熱溫度，入爐烘烤（見 P.38）30 分鐘至底部酥脆，出爐放涼。

抹茶千層酥

材料 ingredients（2 顆）

油皮／白色 36 克
油酥／抹茶 24 克
其他／鹹蛋黃 2 顆 · 奶油烏豆沙 20 克 ×2

做法 Step by Step

1 準備好材料，分別滾圓備用。

2 奶油烏豆沙包裹鹹蛋黃（見 P.21），略微冷凍定型備用。

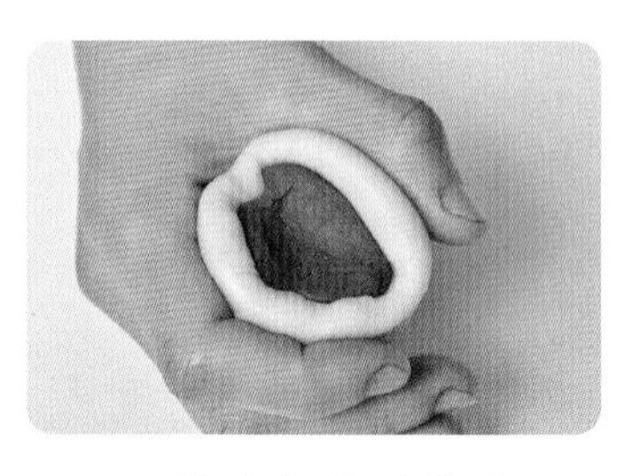

3 以油皮包裹抹茶油酥（見 P.30）。

4 將麵團放在虎口處，慢慢收圓，收口捏緊鬆弛備用。

5 鬆弛好的油皮油酥麵團經過兩次擀捲（見 P.31），覆蓋塑膠袋鬆弛備用。

6 將鬆弛好的油皮油酥麵團取出，以小刀將麵團切成兩半。

7 切口朝下，用手略微壓扁，再翻面（切口面朝上），鬆弛 20 分鐘。

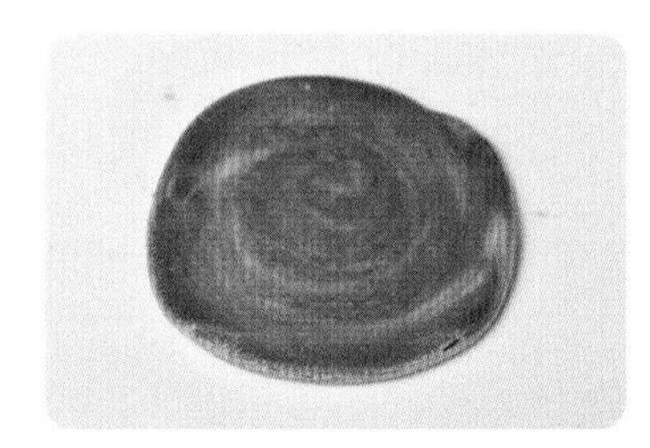

8 用擀麵棍擀成直徑約 10 公分的麵皮（切口面朝上）。

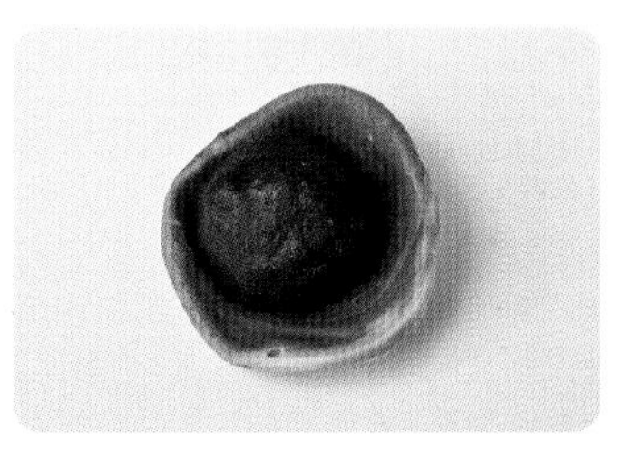

9 將麵皮翻面（切口面朝下），放上步驟 2 的內餡。

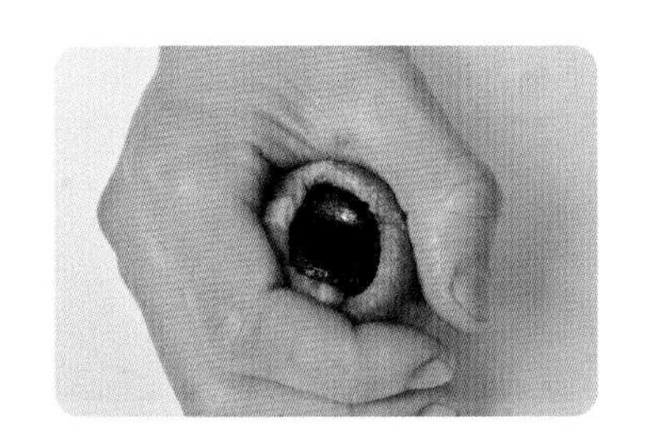

10 以虎口的力量，慢慢把內餡包裹住。

11 收口處捏緊後，將捏合處壓平，收口處朝下擺放，鬆弛 20 分鐘。

12 確認烤箱已達預熱溫度，入爐烘烤（見 P.38）30 分鐘至底部酥脆，出爐放涼。

經典芋頭酥

材料 ingredients（2顆）

油皮／白色 36 克
油酥／紫薯油酥 16 克
其他／芋泥餡 30 克 ×2

做法 Step by Step

1 準備好材料，分別滾圓備用。

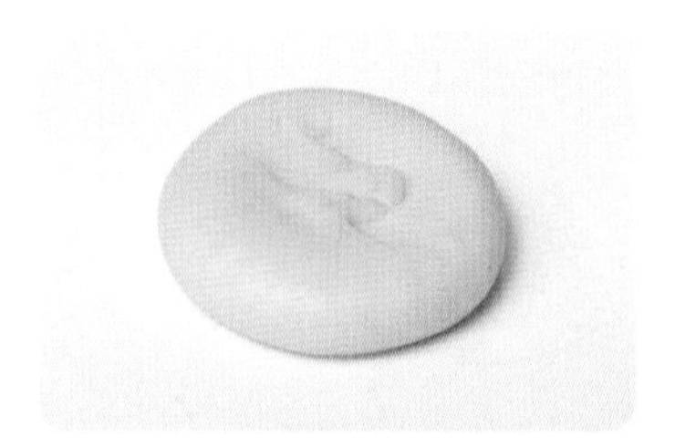

2 將油皮壓扁，翻面。

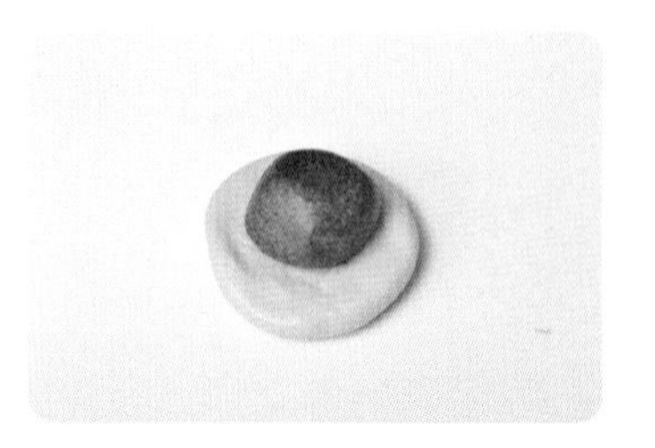

3 將紫薯油酥放在油皮上面。

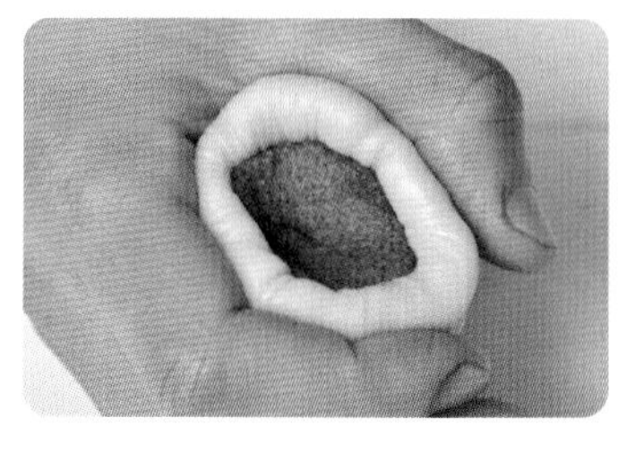

4 以虎口的力量，慢慢把油酥包裹住。

5 收口捏緊，將捏合處壓扁，鬆弛備用。

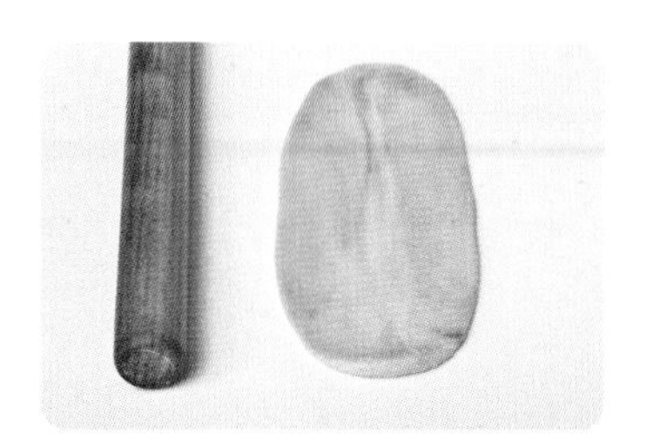

6 鬆弛好的麵團，收口朝上，擀成約 20 公分長的橢圓形麵皮。

7 慢慢捲起，鬆弛 20 分鐘。

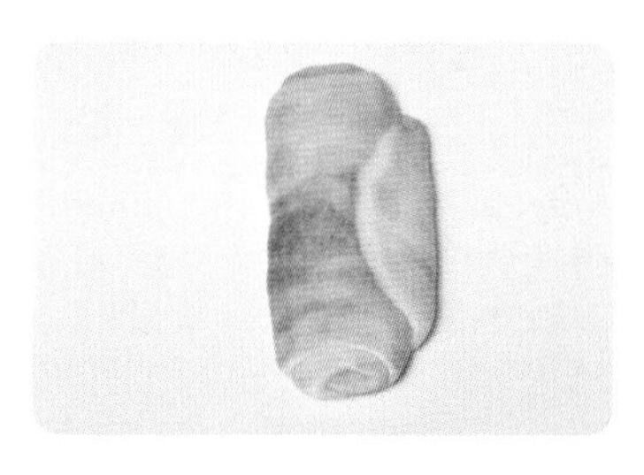

8 鬆弛好後，將收口朝上，略微壓扁。

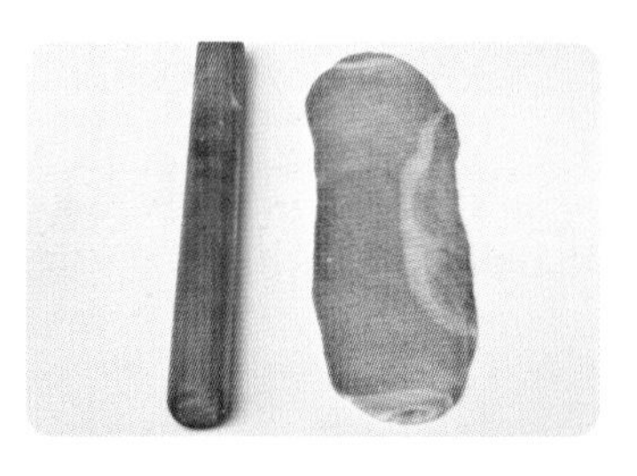

9 用擀麵棍將麵皮前後左右反覆擀成 30 公分長的橢圓麵片。

10 再慢慢捲起，鬆弛 20 分鐘。

11 以小刀將麵團切成兩半。

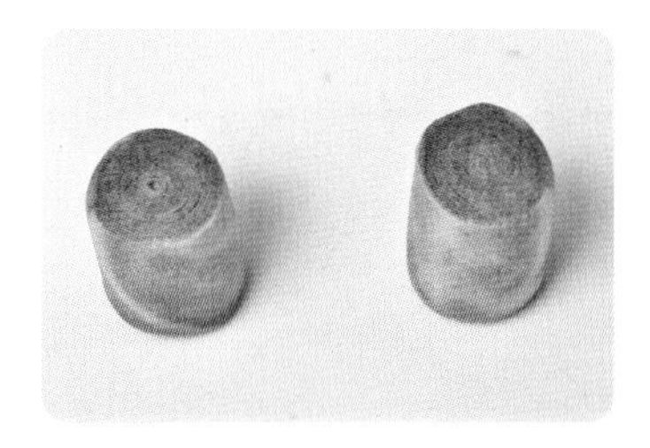

12 略微鬆弛

13 切口朝下，用手略微壓扁，再翻面（切口面朝上），鬆弛 20 分鐘。

14 用擀麵棍擀成直徑約 10 公分的麵皮。

15 將麵皮翻面（切口面朝下），放上芋泥餡。

16 以虎口的力量，慢慢把芋泥餡包裹住。

17 收口處捏緊後，將捏合處壓平，將收口處朝下擺放，鬆弛 20 分鐘。

18 確認烤箱已達預熱溫度，入爐烘烤（見 P.38）30 分鐘至底部酥脆，出爐放涼。

彩虹千層酥

材料 ingredients（2顆）

油皮／白色36克、綠色1克×2、棕色少許
油酥／粉色5克、黃色5克、綠色5克、藍色5克、紫色5克
其他／鹹蛋黃2顆、奶油烏豆沙20克×2

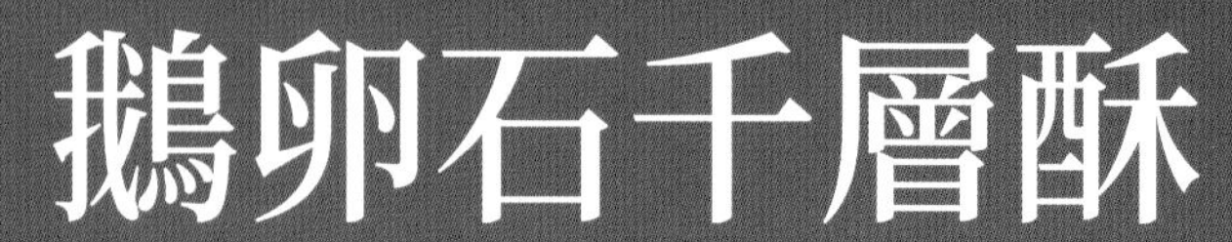

鵝卵石千層酥

材料 ingredients（2 顆）

油皮／白色 36 克、黃色、綠色、藍色、粉紅色、紫色各少許

油酥／白色 24 克

其他／鹹蛋黃 2 顆、奶油烏豆沙 20 克 ×2

做法 Step by Step

1 準備好材料，分別滾圓備用。

2 奶油烏豆沙包裹鹹蛋黃（見 P.21），略微冷凍定型備用。

3 以白色油皮包裹油酥（見 P.30），將麵團放在虎口處，慢慢收圓。

4 收合處捏緊，鬆弛備用。

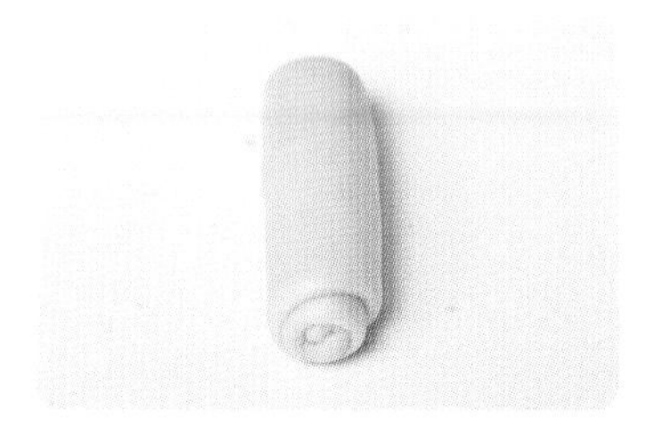

5 鬆弛好的油皮油酥麵團經過兩次擀捲（見 P.31），鬆弛備用。

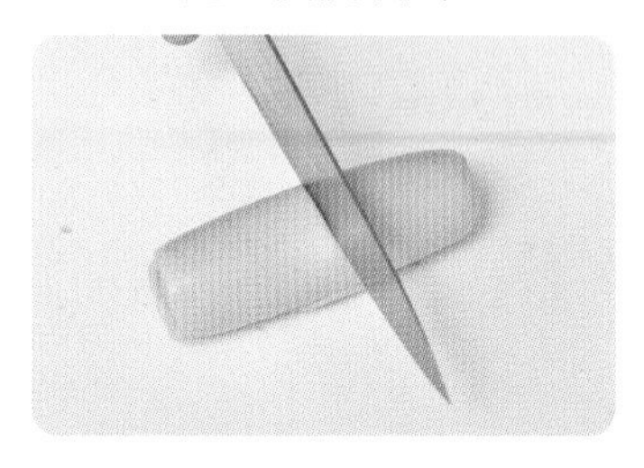

6 將鬆弛好的油皮油酥麵團取出，以小刀將麵團切成兩半。

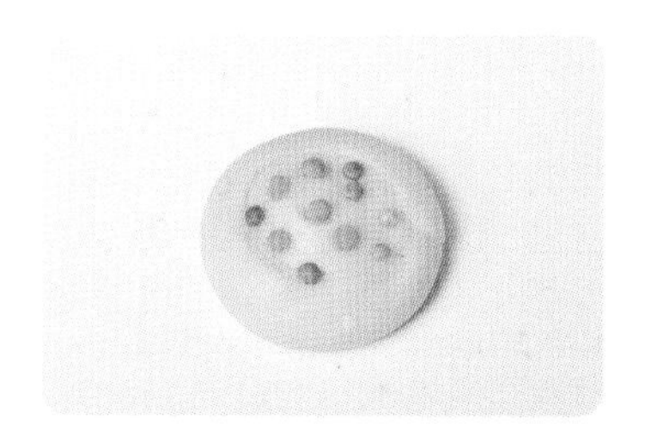

7 切口朝下，用手略微壓扁，翻面（切口面朝上）將黃、綠、藍、粉紅、紫色油皮搓成或大或小圓點，貼上，鬆弛 20 分鐘。

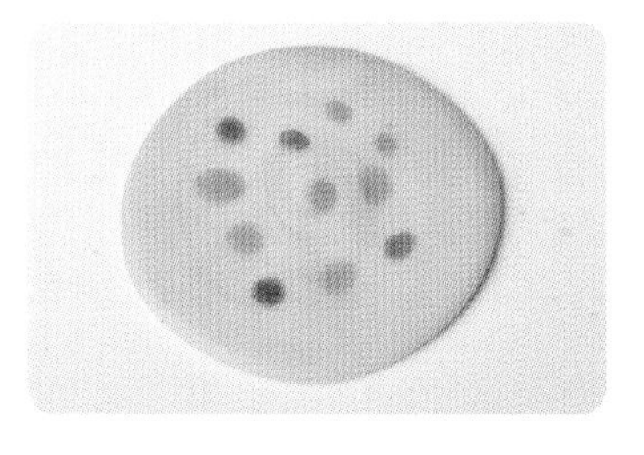

8 將鬆弛過後的麵團（切口面朝上），用擀麵棍擀成直徑約 10 公分的麵皮。

9 翻面（切口朝下），將步驟2的內餡放上。

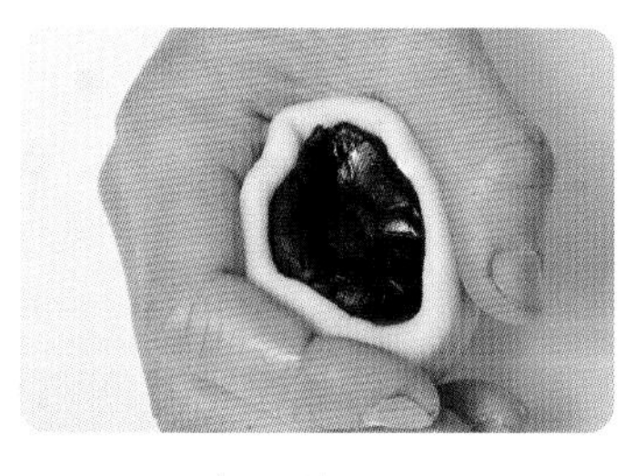

10 以虎口的力量，慢慢把內餡包裹住。

11 收口捏緊、尖頭壓扁，收口朝下擺放好。

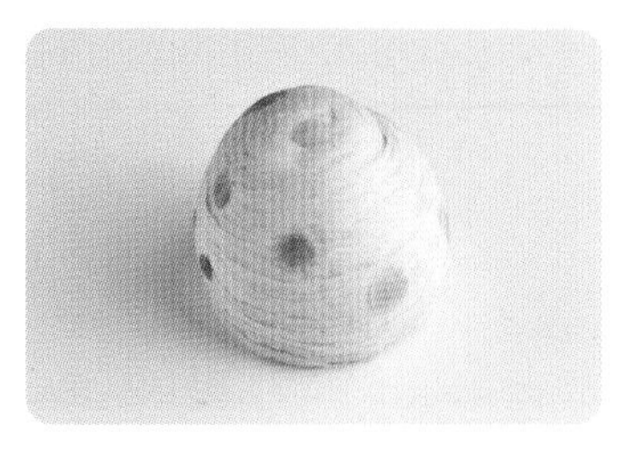

12 確認烤箱已達預熱溫度，入爐烘烤（見 P.38）30 分鐘至底部酥脆，出爐放涼。

巧克力金莎酥

材料 ingredients（2 顆）

油皮／白色 36 克
油酥／巧克力色 24 克
其他／金沙巧克力 2 顆、奶油烏豆沙 20 克 ×2

做法 Step by Step

1 準備好材料，分別滾圓備用。

2 將奶油烏豆沙擀成圓片，放上金莎巧克力。

3 以虎口的力量，慢慢把金莎巧克力包裹住，略微冷凍定型備用。

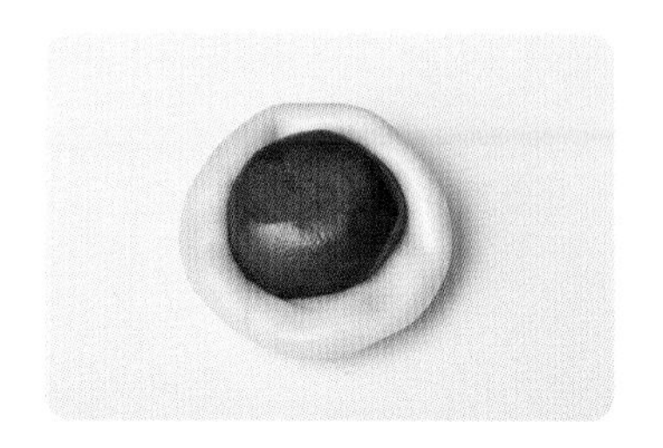

4 將 36 克白色油皮擀成圓形麵皮，將麵皮翻面放上巧克力油酥。

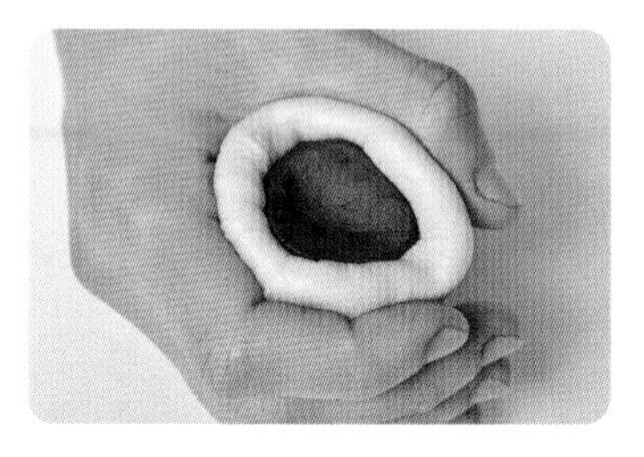

5 以虎口的力量，慢慢把油酥包裹住。

6 收口捏緊、尖頭壓扁，鬆弛 20 分鐘。

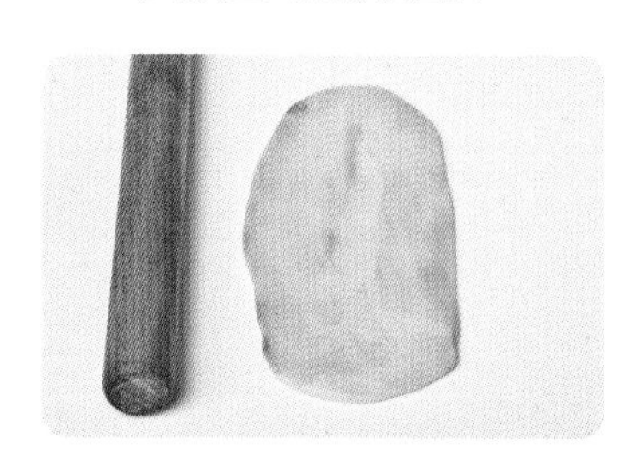

7 將鬆弛好的麵團以擀麵棍擀成 20 公分長的橢圓麵片。

8 慢慢捲起，鬆弛 20 分鐘。

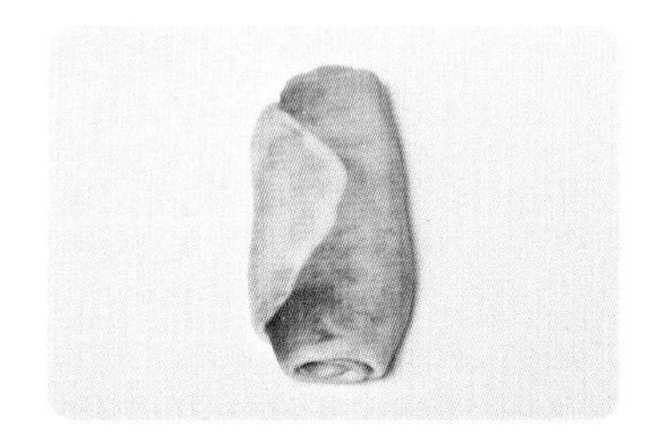

9 鬆弛好後，將收口朝上，略微壓扁。

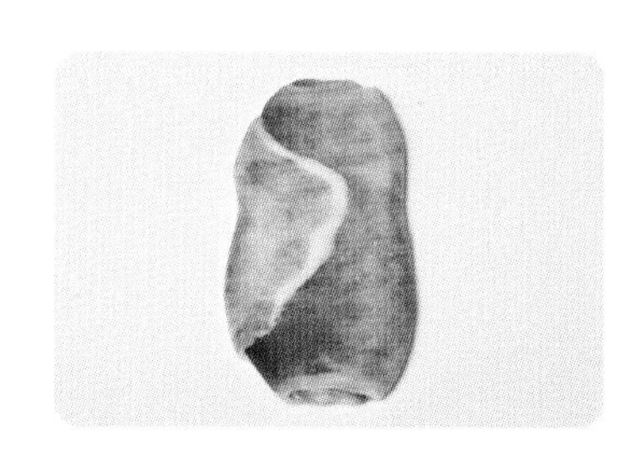

10 用擀麵棍將麵皮前後左右反覆擀成 30 公分長的橢圓麵片。

11 再慢慢捲起，鬆弛 20 分鐘。

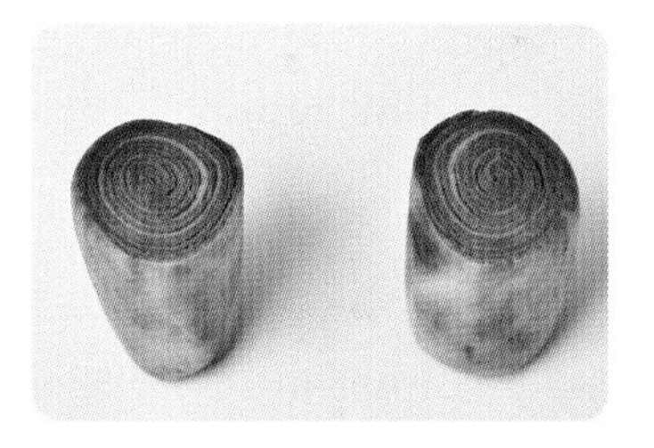

12 對切成兩份外皮。

13 將切口朝下略微壓扁後，再翻面（切口朝上），再鬆弛 20 分鐘。

14 將外皮慢慢擀開成直徑約 8 公分大小的圓片。

15 翻面（切口朝下），將步驟 3 的內餡放上。

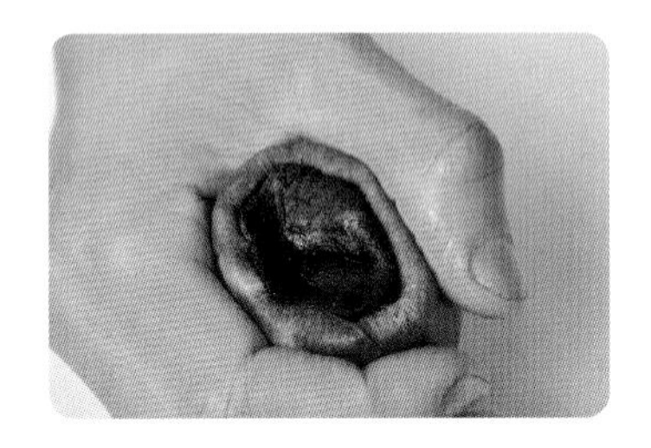

16 以虎口的力量，慢慢把內餡包裹住。

17 收口捏緊、尖頭壓扁。

18 將步驟 17 翻面擺放好。

19 確認烤箱已達預熱溫度，入爐烘烤（見 P.38）30 分鐘至底部酥脆，出爐放涼。

20 放涼後的巧克力金莎酥以金色鍚箔紙包裹起來，貼上貼紙，就是美美的一份禮物。

材料 ingredients（2 顆）

油皮／白色 36 克、綠色 1 克 ×2、棕色少許
油酥／紅色 16 克、黃色 8 克
其他／鹹蛋黃 2 顆、奶油烏豆沙 20 克 ×2

蘋果千層酥

做法 Step by Step

1 準備好材料，分別滾圓備用。

2 奶油烏豆沙包裹鹹蛋黃（見 P.21），略微冷凍定型備用。

3 將 36 克白色油皮擀成長方形。

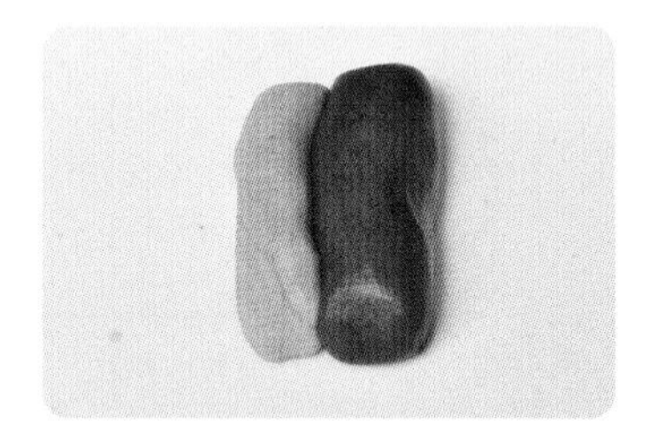

4 將紅色及黃色油酥分別搓成長條狀。

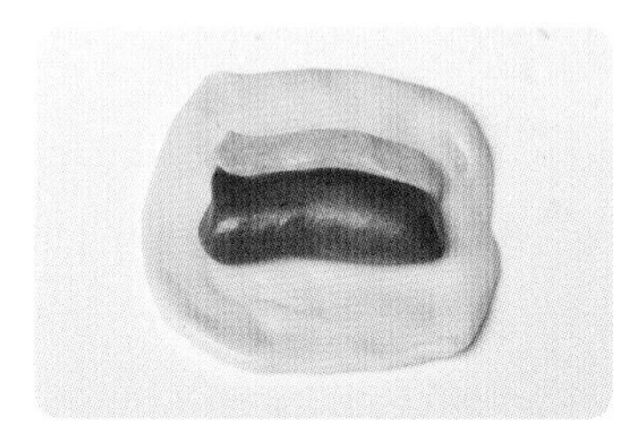

5 橫向排列在油皮上方中間位置。

6 以鍋貼狀將油酥包入，鬆弛 20 分鐘。

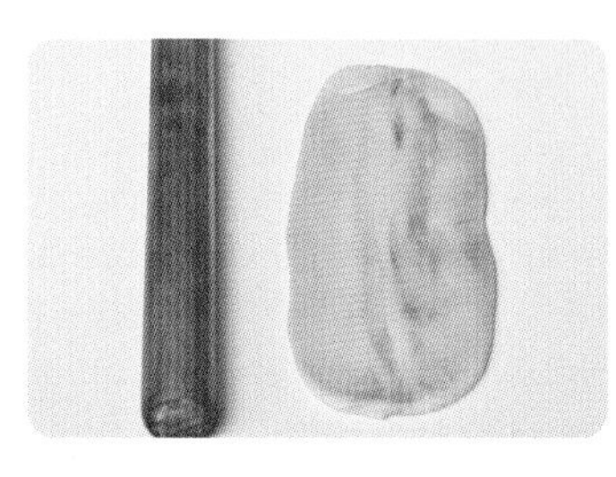

7 將鬆弛好的麵團以擀麵棍擀成 20×7 公分大小的麵片。

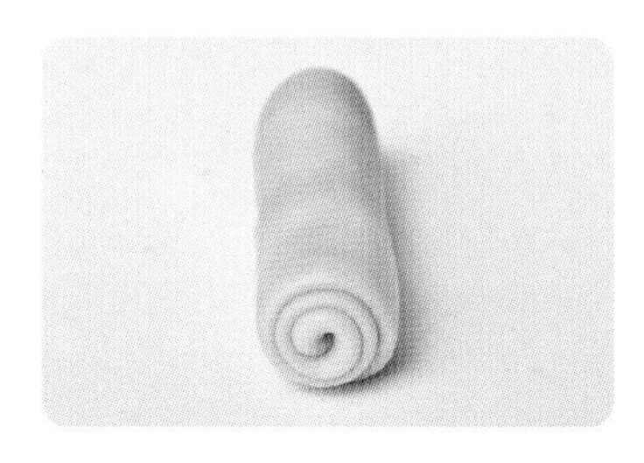

8 慢慢捲起，鬆弛 20 分鐘。

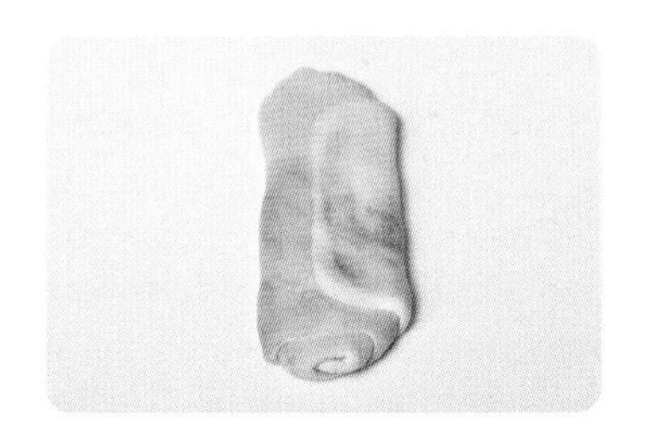

9 鬆弛好後，將收口朝上，略微壓扁。

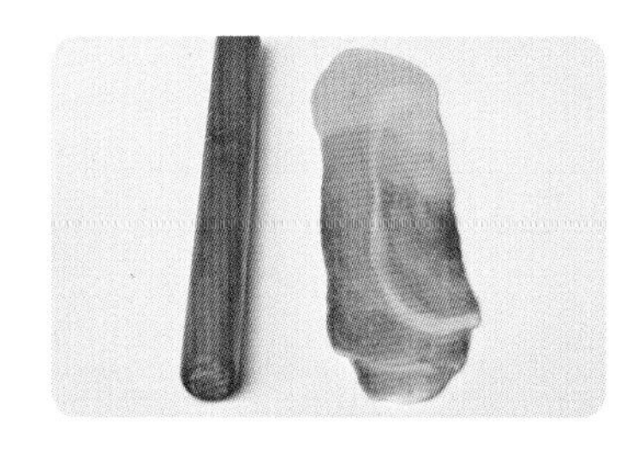

10 用擀麵棍擀成 30×7 公分大小的麵片。

11 再慢慢捲起，鬆弛 20 分鐘。

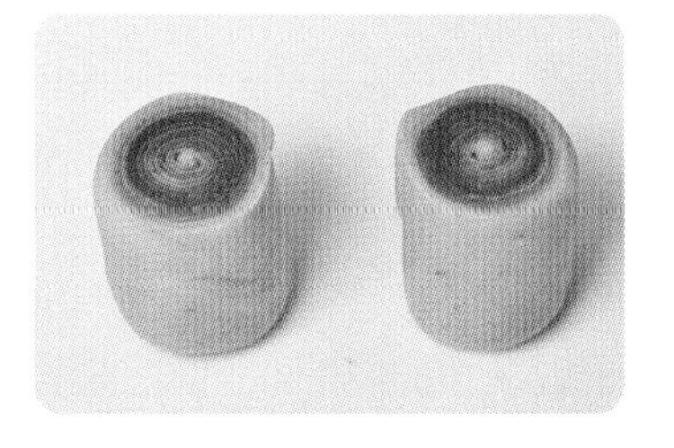

12 對切成兩份外皮。

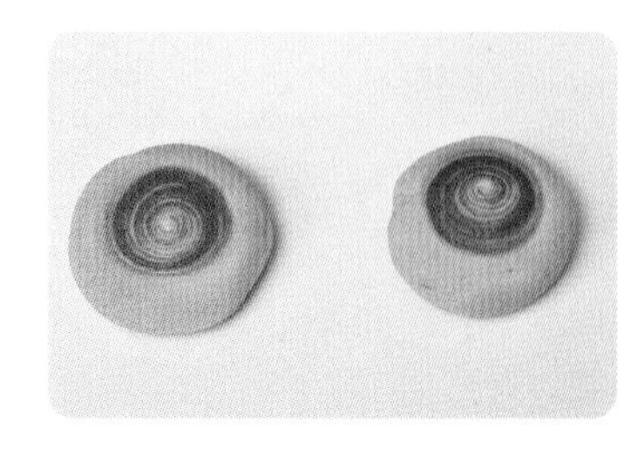

13 將切口朝下略微壓扁後，再翻面（切口朝上），再鬆弛 20 分鐘。

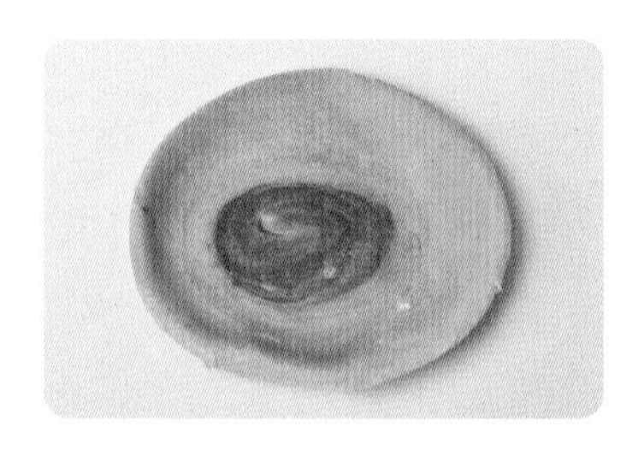

14 將外皮慢慢擀開成直徑約 8 公分大小的圓片。

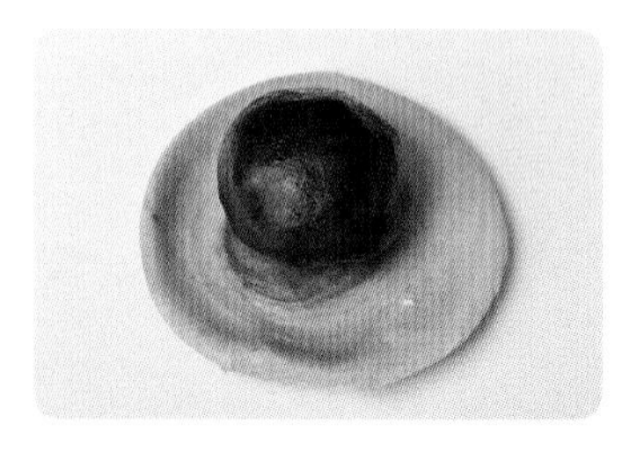

15 將步驟 2 的內餡放上。

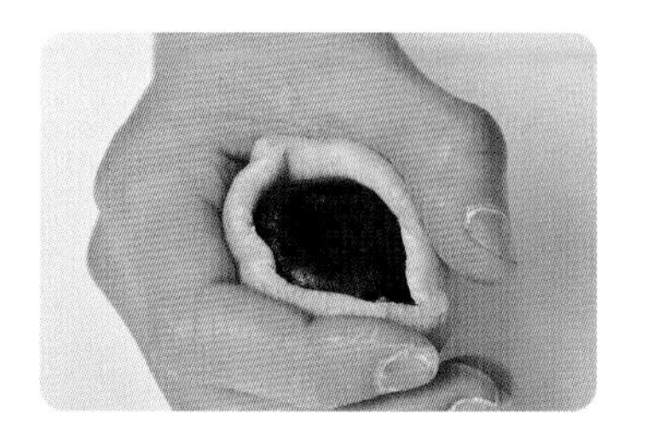

16 以虎口的力量，慢慢把內餡包裹住。

17 收口捏緊、尖頭壓扁。

18 將步驟 17 翻面。

19 用綠色麵團做出葉子，抹上清水將葉子貼住。

20 頂部用工具搓洞，固定住葉子。

21 取棕色麵皮，搓成水滴形，放入洞中。

22 確認烤箱已達預熱溫度，入爐烘烤（見 P.38）30 分鐘至底部酥脆，出爐放涼。

璀璨星空千層酥

材料 ingredients（2 顆）

油皮／白色 36 克
油酥／黃色 6 克、藍色 6 克、紫色 6 克、黑色 6 克
其他／食用金粉少許、鹹蛋黃 2 顆、奶油烏豆沙 20 克 ×2

做法 Step by Step

1 準備好材料，分別滾圓備用。

2 奶油烏豆沙包裹鹹蛋黃（見 P.21），略微冷凍定型備用。

3 將 36 克白色油皮擀成長方形。

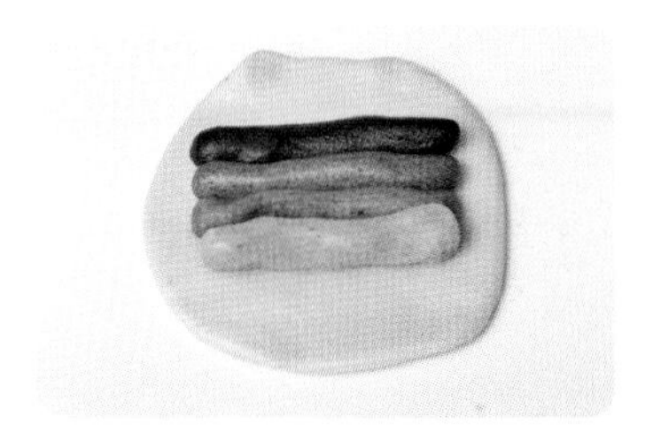

4 將 4 條油酥搓成長條狀，將步驟 3 的油皮翻面，把油酥條如圖示排列在油皮上方中間位置。

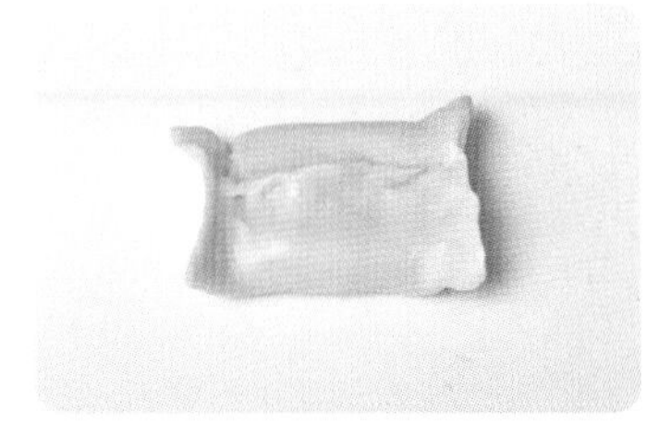

5 以鍋貼狀將油酥包入，鬆弛 20 分鐘。

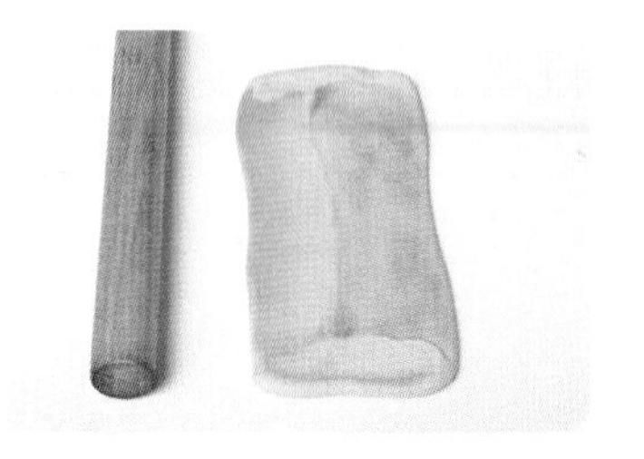

6 將鬆弛好的麵團以擀麵棍擀成 20×7 公分大小的麵片。

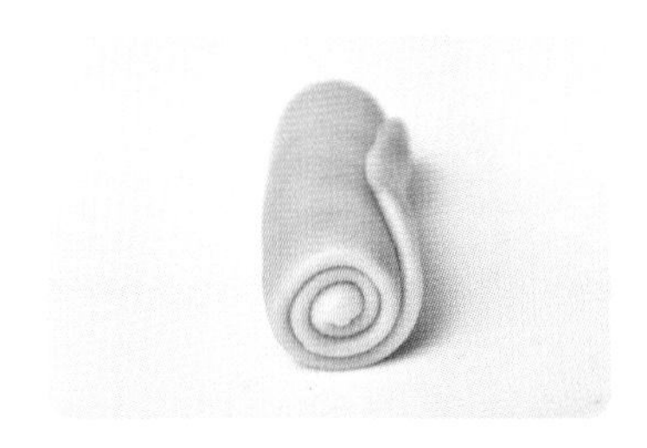

7 慢慢捲起，鬆弛 20 分鐘。

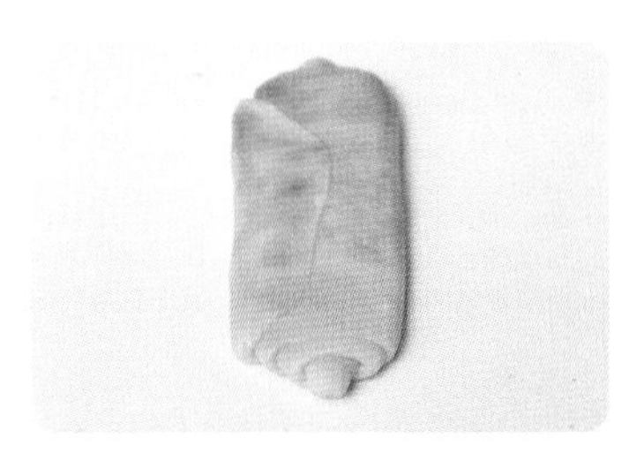

8 鬆弛好後，將收口朝上，略微壓扁。

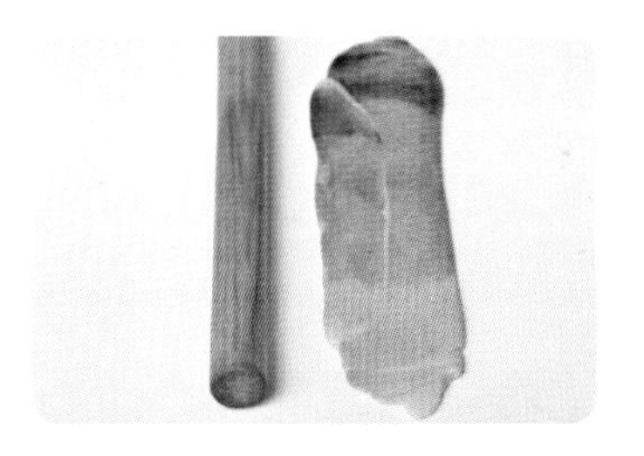

9 用擀麵棍將麵皮上下左右反覆擀成 30×7 公分大小的麵片。

10 再慢慢捲起，鬆弛 20 分鐘。

11 對切成兩份外皮。

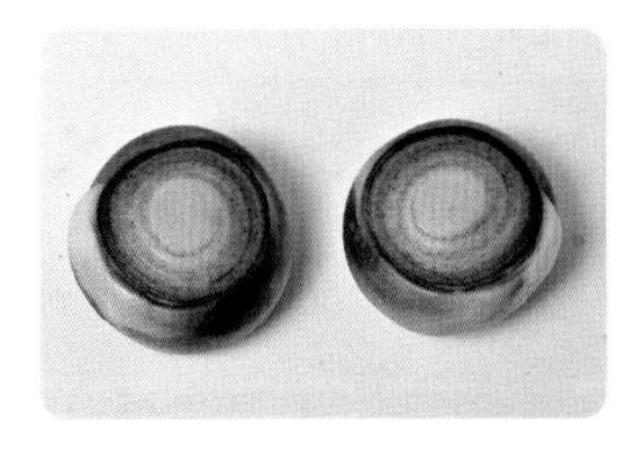

12 將切口朝下略微壓扁後，再翻面（切口朝上），再鬆弛 20 分鐘。

13 將外皮慢慢擀開成約 8 公分大小的圓片。

14 翻面（切口朝下），將步驟 2 的內餡放上。

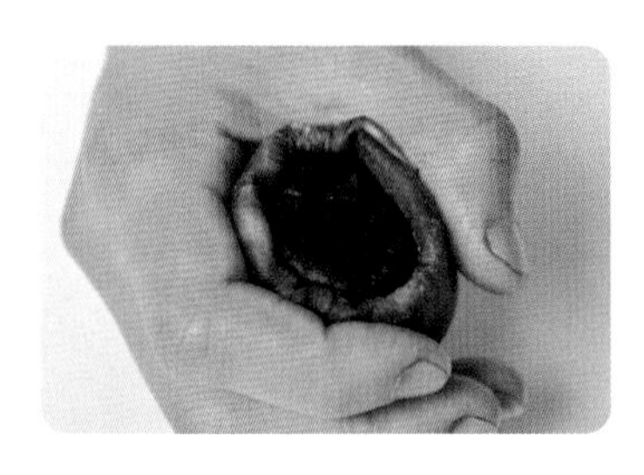

15 以虎口的力量，慢慢把內餡包裹住。

16 收口捏緊、尖頭壓扁。

17 將步驟 16 翻面擺放好。

18 確認烤箱已達預熱溫度，入爐烘烤（見 P.38）30 分鐘至底部酥脆，出爐放涼。

19 最後噴上金粉，完成作品。

小雞千層酥

材料 ingredients（2 顆）

油皮／白色 36 克、黃色 1 克 ×2、橘色少許
油酥／黃色 24 克
其他／鹹蛋黃 2 顆、奶油烏豆沙 20 克 ×2、
竹炭粉少許、紅麴粉少許

小雞千層酥

做法 Step by Step

1 準備好材料，分別滾圓備用。

2 奶油烏豆沙包裹鹹蛋黃（見 P.21），略微冷凍定型備用。

3 將 36 克白色油皮擀成圓形麵皮，將麵皮翻面放上黃色油酥。

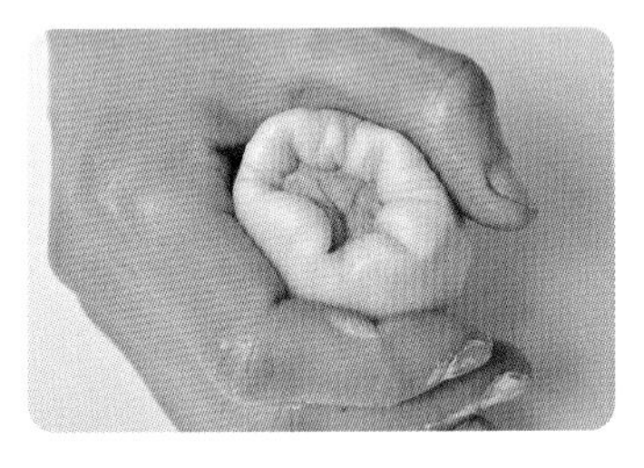

4 以虎口的力量，慢慢把油酥包裹住。

5 收口捏緊、尖頭壓扁，鬆弛 20 分鐘。

6 將鬆弛好的麵團以擀麵棍擀成 20 公分長的橢圓麵片。

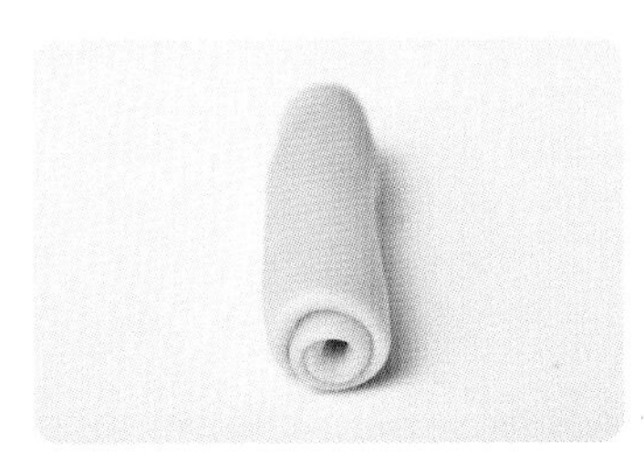

7 慢慢捲起，鬆弛 20 分鐘。

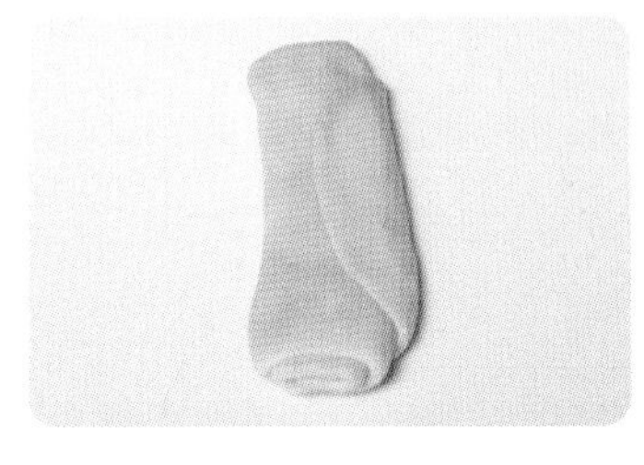

8 鬆弛好後，將收口朝上，略微壓扁。

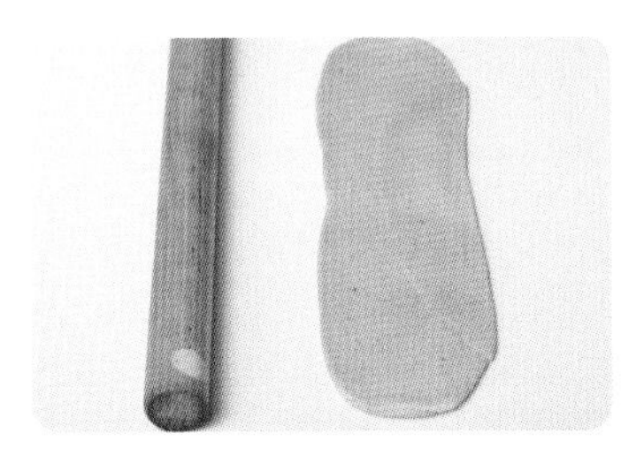

9 用擀麵棍將麵皮前後左右反覆擀成 30 公分長的橢圓麵片。

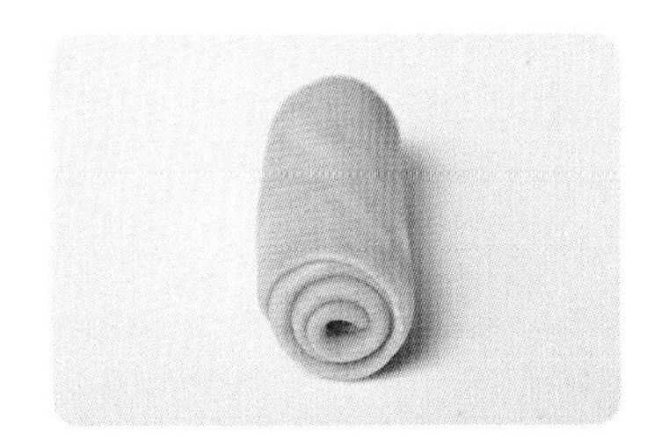

10 再慢慢捲起，鬆弛 20 分鐘。

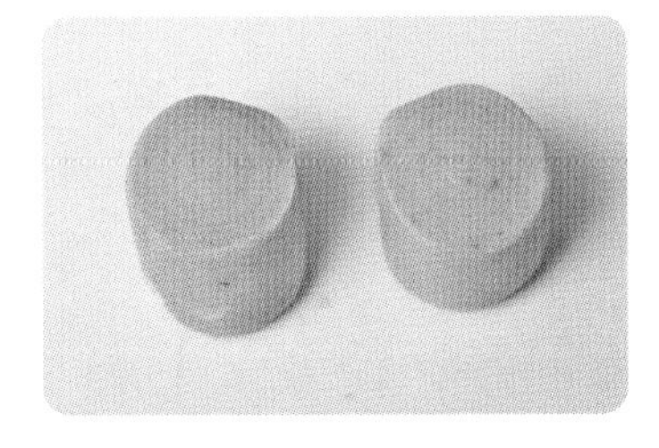

11 對切成兩份外皮。

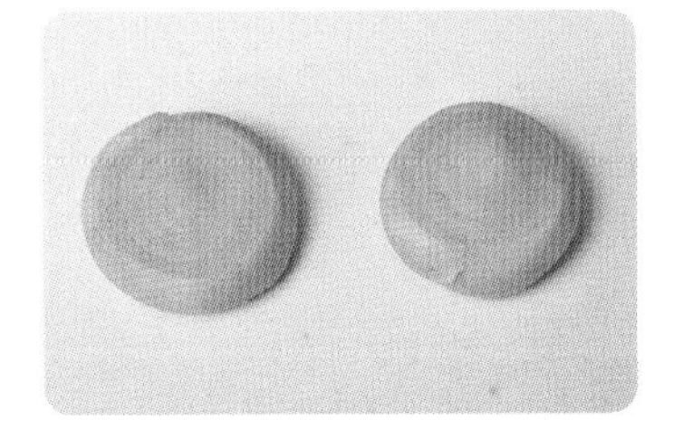

12 將切口朝下略微壓扁後，再翻面（切口朝上），再鬆弛 20 分鐘。

13 將外皮慢慢擀開成直徑約 8 公分大小的圓片。

14 翻面（切口朝下），將步驟 2 的內餡放上。

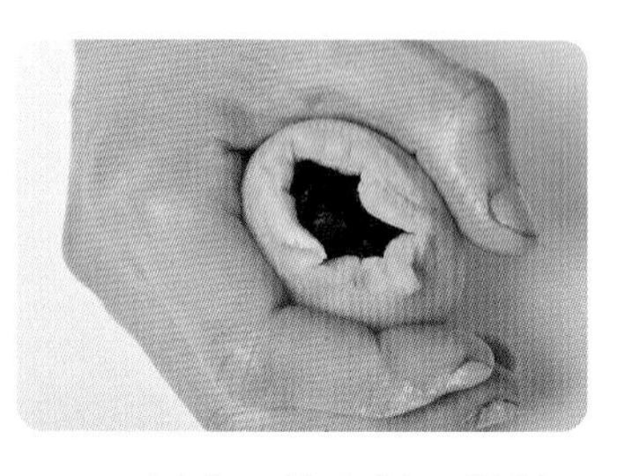

15 以虎口的力量，慢慢把內餡包裹住。

16 收口捏緊、尖頭壓扁。

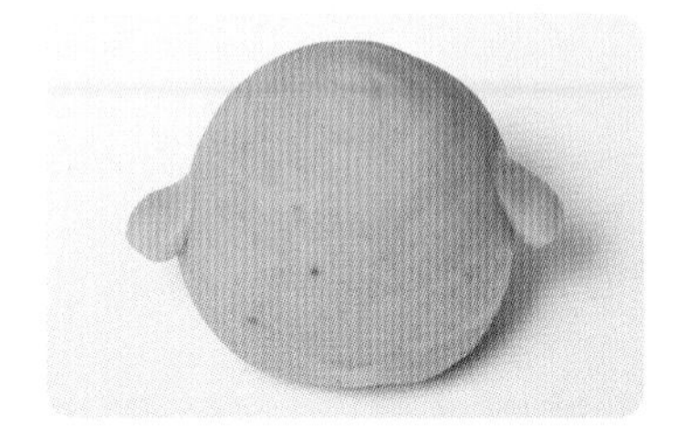

17 將步驟 16 翻面擺放好，取黃色油皮搓成紅豆大小的圓，貼在兩側做上翅膀。

18 取少許黃色油皮搓成尖椎形，貼在頭頂做羽毛。

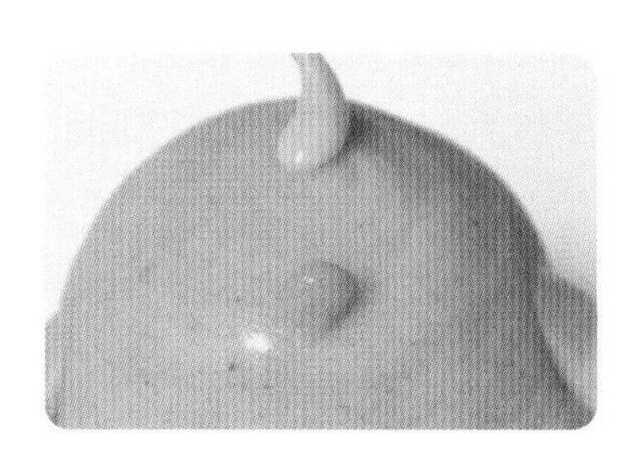

19 取橘色油皮，搓成 1 個綠豆大小的小圓，貼在中央，略微壓扁，做成嘴巴。

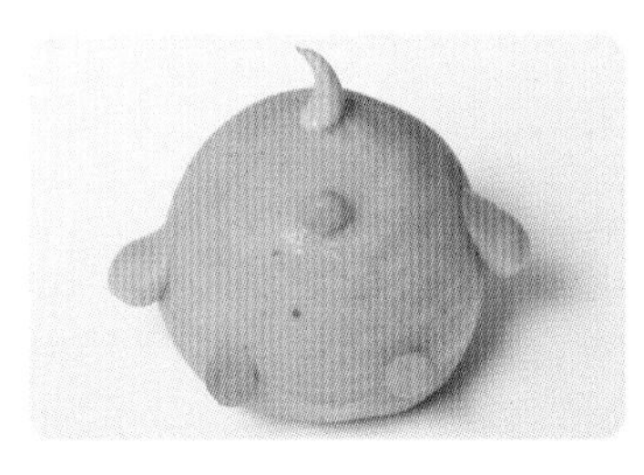

20 取橘色油皮，搓成 2 個紅豆大小的小圓，貼在下方，做成腳ㄚ。

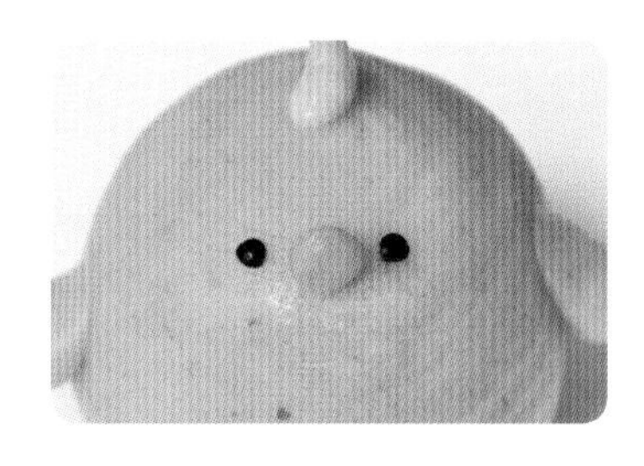

21 竹炭粉調成墨汁，畫上眼睛。

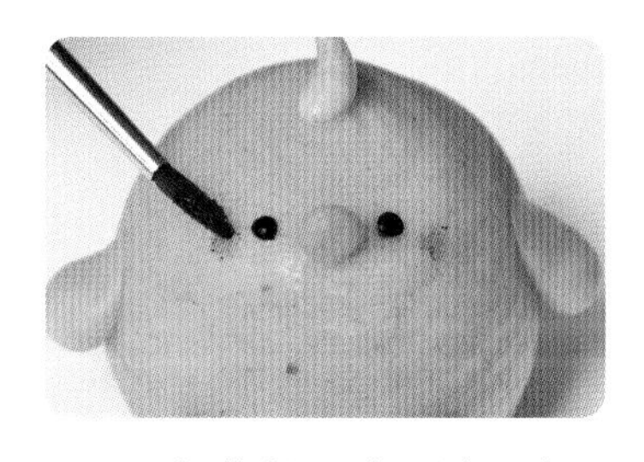

22 紅麴粉調成墨汁，畫上腮紅。

23 確認烤箱已達預熱溫度，入爐烘烤（見 P.38）30 分鐘至底部酥脆，出爐放涼。

小鳥彩虹酥

材料 ingredients（2 顆）

油皮／白色 36 克、黃色 1 克、藍色 1.5 克 ×2、橘色少許

油酥／藍色 16 克、黃色 8 克

其他／鹹蛋黃 2 顆、奶油烏豆沙 20 克 ×2、竹炭粉少許、紅麴粉少許

做法 Step by Step

1 準備好材料，分別滾圓備用。

2 奶油烏豆沙包裹鹹蛋黃（見 P.21），略微冷凍定型備用。

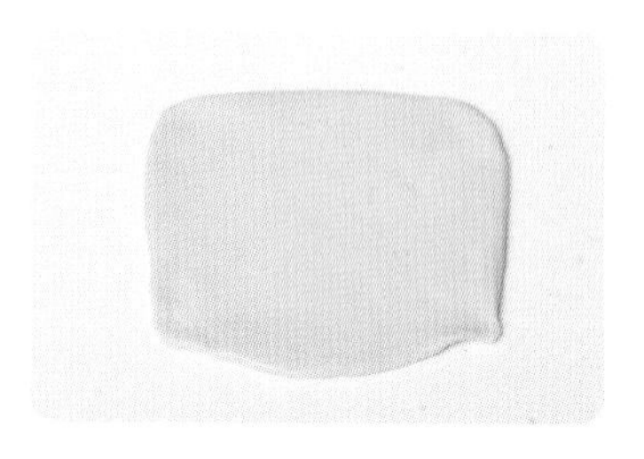

3 將 36 克白色油皮擀成長方形。

4 將黃色及藍色的油酥搓成柱狀合在一起。

5 將步驟 3 的油皮翻面，將步驟 4 的油酥條如圖示排列在油皮上方中間位置。

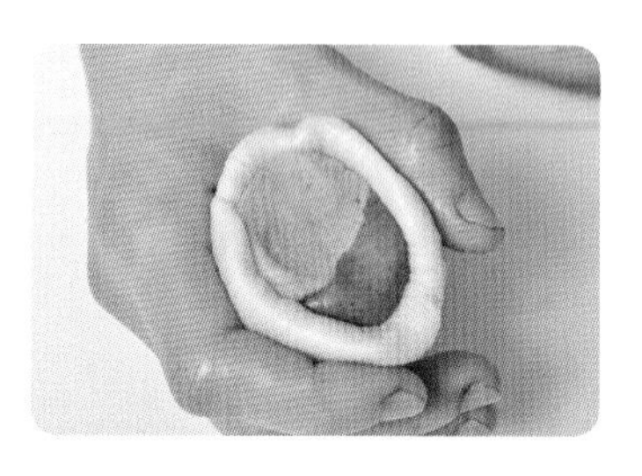

6 以虎口的力量，慢慢把油酥包裹住。

7 收口捏緊、尖頭壓扁，鬆弛 20 分鐘。

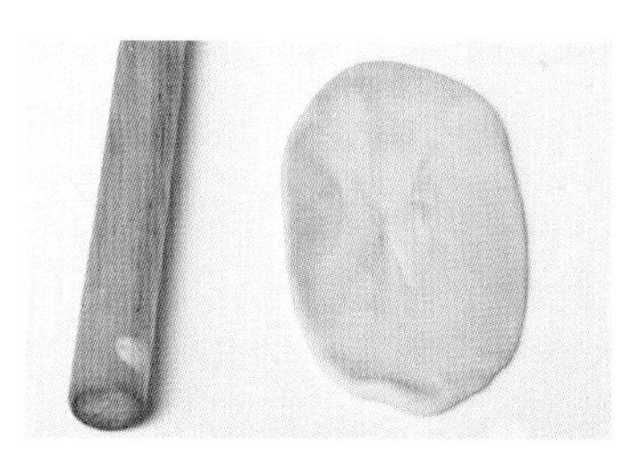

8 將鬆弛好的麵團以擀麵棍擀成 20 公分長的橢圓麵片。

9 慢慢捲起，鬆弛 20 分鐘。

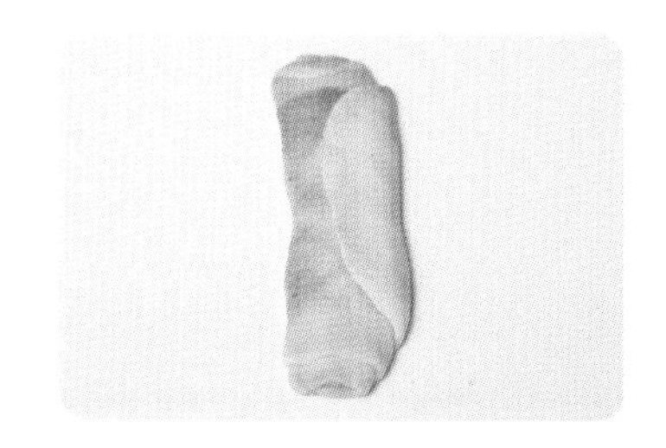

10 鬆弛好後，將收口朝上，略微壓扁。

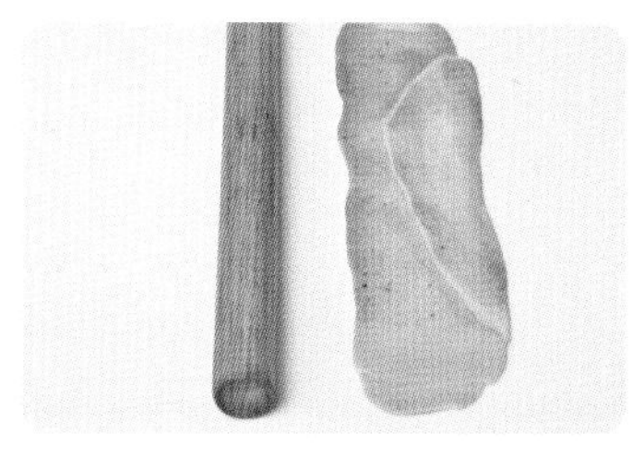

11 用擀麵棍將麵皮前後左右反覆擀成 30 公分長的橢圓麵片。

12 再慢慢捲起，鬆弛 20 分鐘。

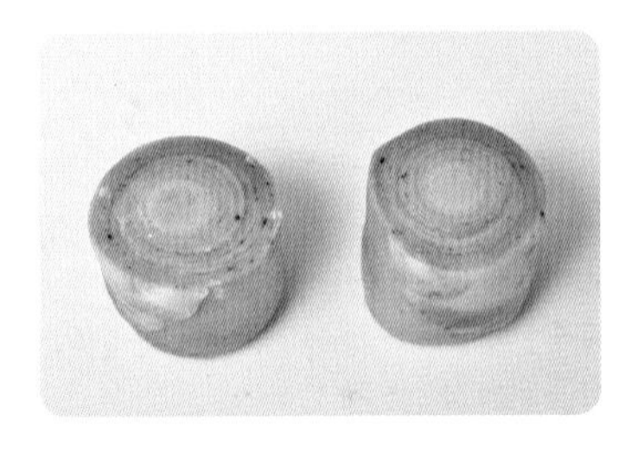

13 對切成兩份外皮。

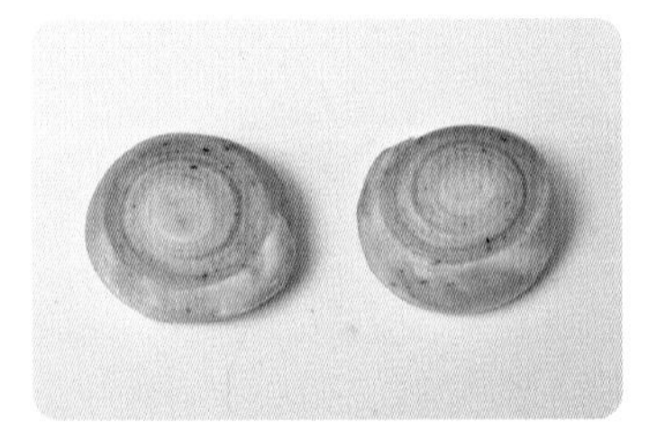

14 將切口朝下略微壓扁後，再翻面（切口朝上），再鬆弛 20 分鐘。

15 將外皮慢慢擀開成直徑約 8 公分大小的圓片。

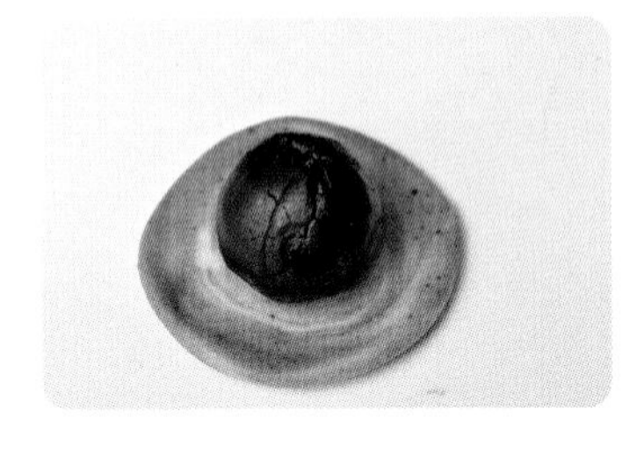

16 翻面（切口朝下），將步驟 2 的內餡放上。

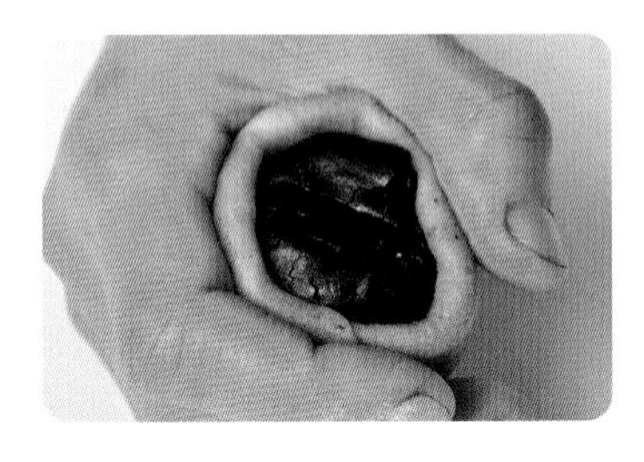

17 以虎口的力量，慢慢把內餡包裹住。

18 收口捏緊、尖頭壓扁。

19 將步驟 18 翻面擺放好，取藍色油皮搓成紅豆大小的圓，貼在兩側做上翅膀。

20 取少許黃色油皮搓成尖椎形，貼在頭頂做羽毛。

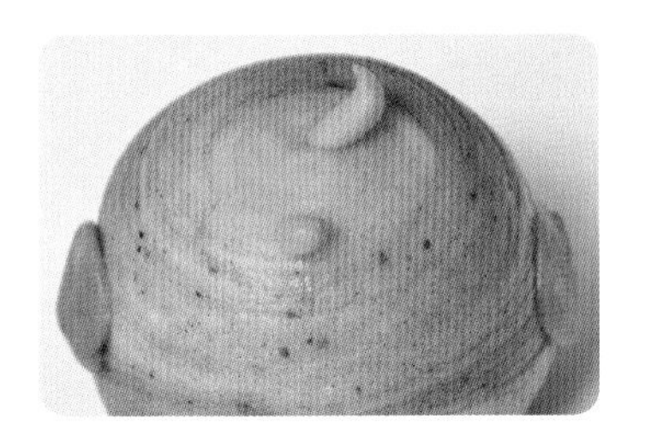

21 取橘色油皮，搓成綠豆大小的小圓，貼在中央，略微壓扁，

22 竹炭粉調成墨汁，畫上眼睛。

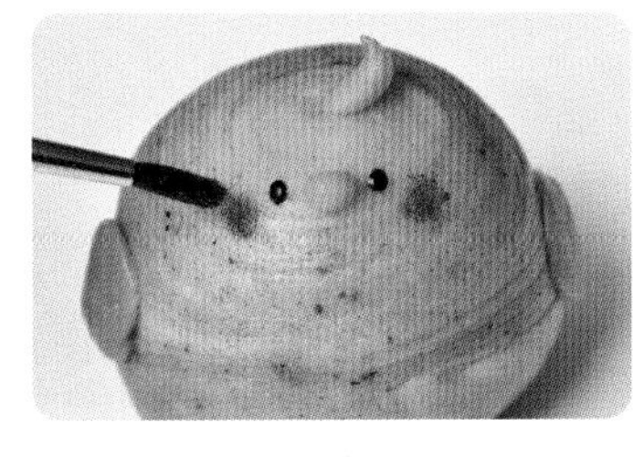

23 紅麴粉調成墨汁，畫上腮紅。

24 確認烤箱已達預熱溫度，入爐烘烤（見 P.38）30 分鐘至底部酥脆，出爐放涼。

美人魚尾巴千層酥

材料 ingredients（2顆）

油皮／白色 36 克、藍色 3 克
油酥／粉色 6 克、藍色 6 克、綠色 6 克、紫色 6 克
其他／食用銀粉少許、鹹蛋黃 2 顆、奶油烏豆沙 20 克 ×2

美人魚尾巴千層酥 做法 Step by Step

1 準備好材料，分別滾圓備用。

2 奶油烏豆沙包裹鹹蛋黃（見 P.21），略微冷凍定型備用。

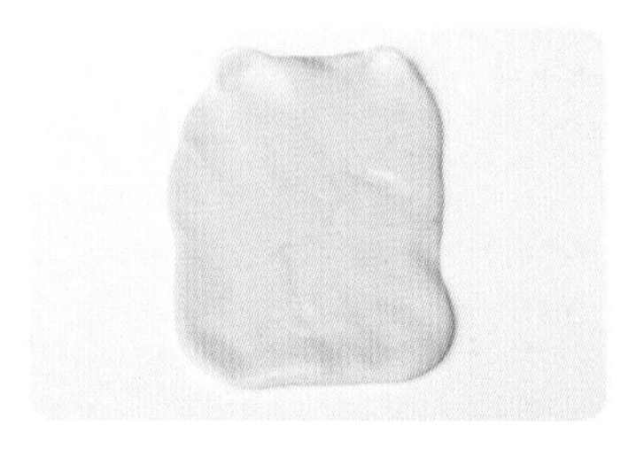

3 將 36 克白色油皮擀成長方形。

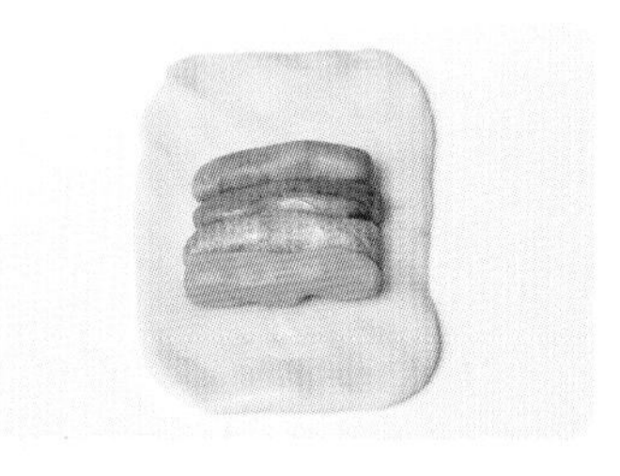

4 將 4 條油酥搓成長條狀，將步驟 3 的油皮翻面，把油酥條如圖示排列在油皮上方中間位置。

5 以鍋貼狀將油酥包入，鬆弛 20 分鐘。

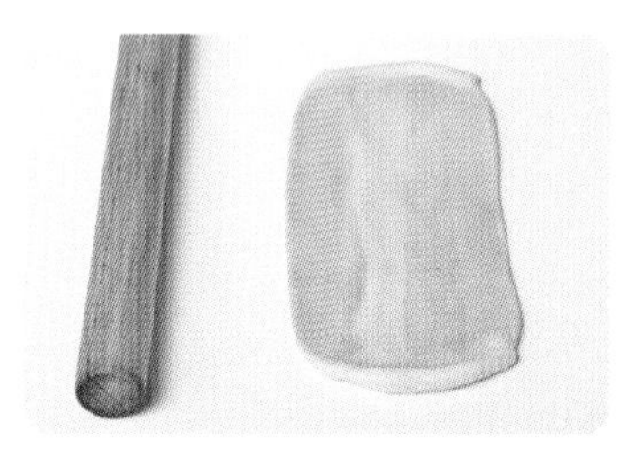

6 將鬆弛好的麵團以擀麵棍擀成 20×7 公分大小的麵片。

7 慢慢捲起，鬆弛 20 分鐘。

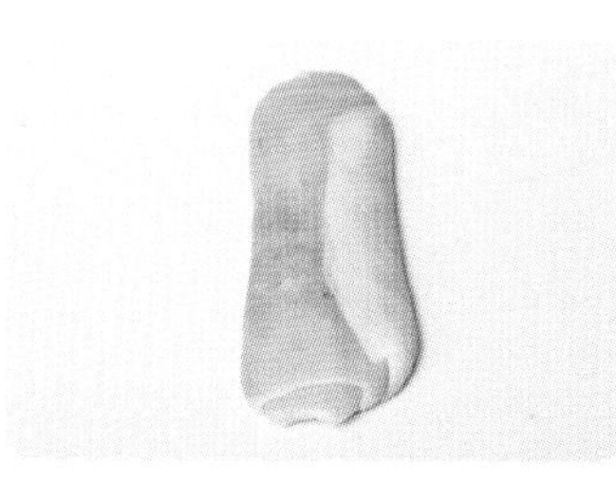

8 鬆弛好後，將收口朝上，略微壓扁。

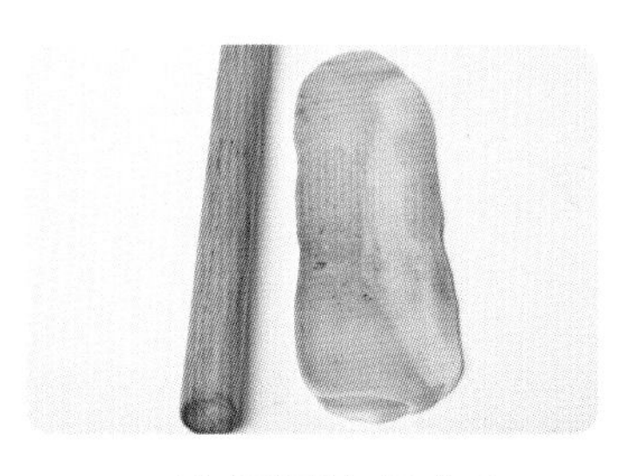

9 用擀麵棍將麵皮上下左右反覆擀成 30×7 公分大小的麵片。

10 再慢慢捲起，鬆弛 20 分鐘。

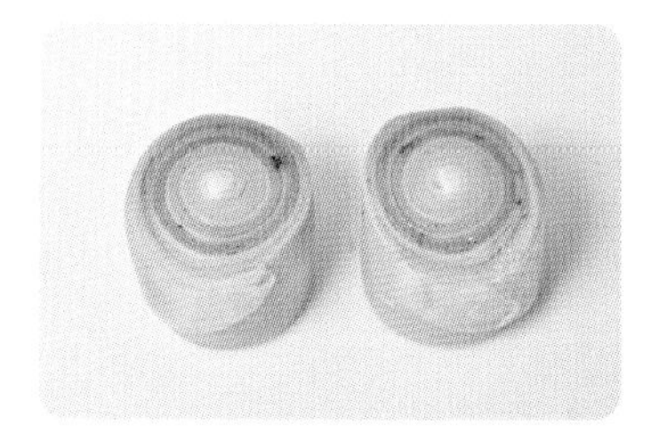

11 對切成兩份外皮。

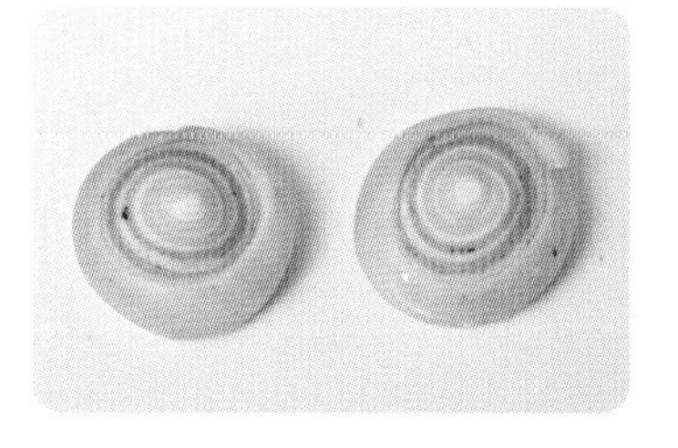

12 將切口朝下略微壓扁後，再翻面（切口朝上），再鬆弛 20 分鐘。

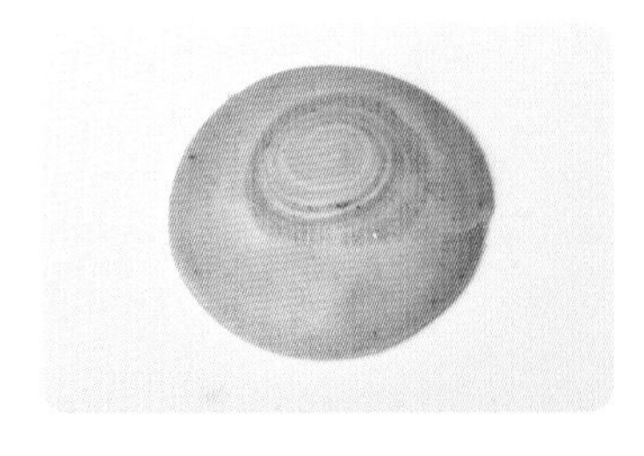

13 將外皮慢慢擀開成直徑約 8 公分大小的圓片。

14 翻面（切口朝下），將步驟 2 的內餡放上。

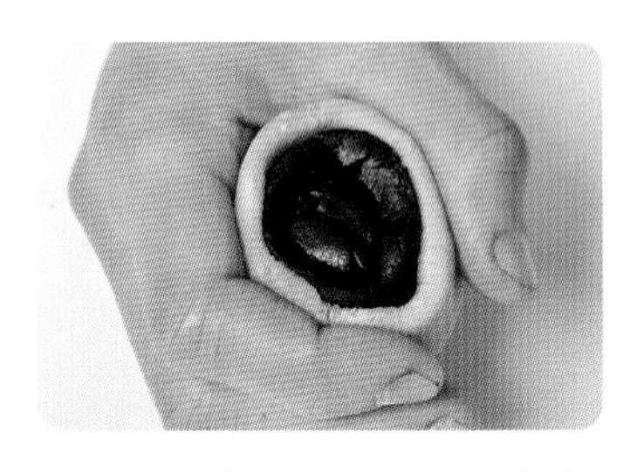

15 以虎口的力量，慢慢把內餡包裹住。

16 收口捏緊、尖頭壓扁。

17 將步驟 16 翻面擺放好。

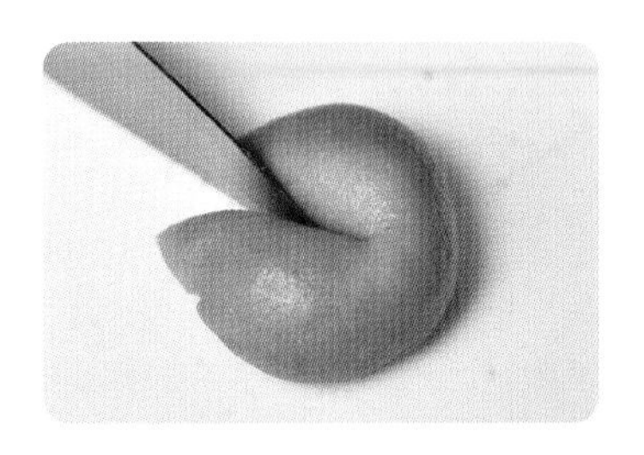

18 取藍色油皮滾圓後，如圖示切一刀。

19 做成魚尾形狀，黏在步驟 17 的頂端。

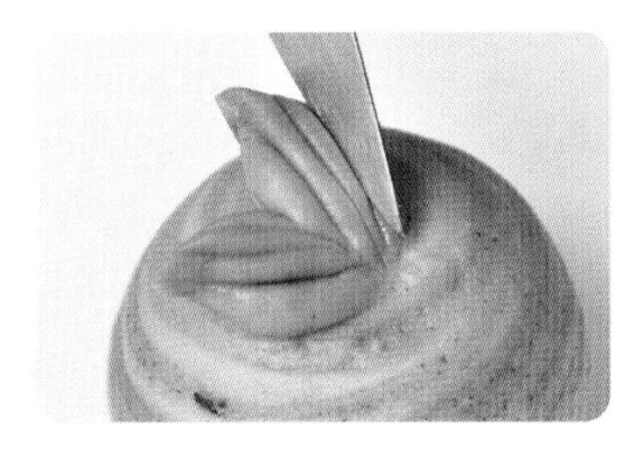

20 以小刀切割出魚尾的紋路。

21 噴上銀粉做裝飾。

22 確認烤箱已達預熱溫度，入爐烘烤（見 P.38）30 分鐘至底部酥脆，出爐放涼。

小山芋芋頭酥

材料 ingredients（2 顆）

油皮／白色 36 克
油酥／白色 24 克
其他／芋泥餡 23 克、麻吉 12 克 ×2、可可粉少許

做法 Step by Step

1 準備好材料，分別滾圓備用。

2 芋泥餡包裹麻吉（見P.25），略微冷凍定型備用。

3 以油皮包裹油酥（見P.30），滾圓鬆弛備用。

4 鬆弛好的油皮油酥麵團經過兩次擀捲（見P.31），覆蓋塑膠袋鬆弛備用。

5 將鬆弛好的油皮油酥麵團取出，以小刀將麵團切成兩半。

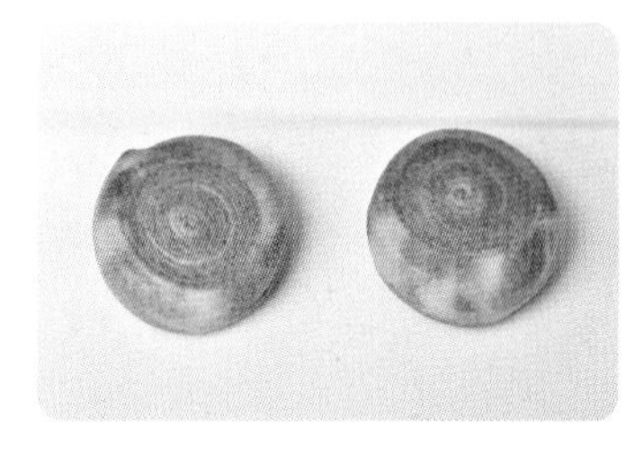

6 切口朝下，用手略微壓扁，再翻面（切口面朝上），鬆弛 20 分鐘。

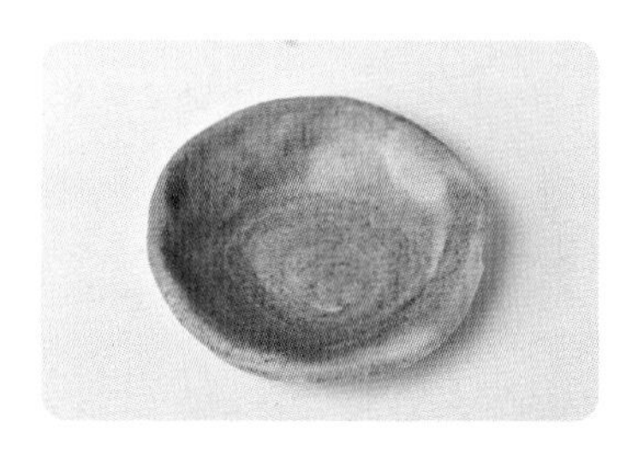

7 用擀麵棍擀成直徑約 10 公分的麵皮。

8 將麵皮翻面（切口面朝下），放上步驟 2 的內餡。

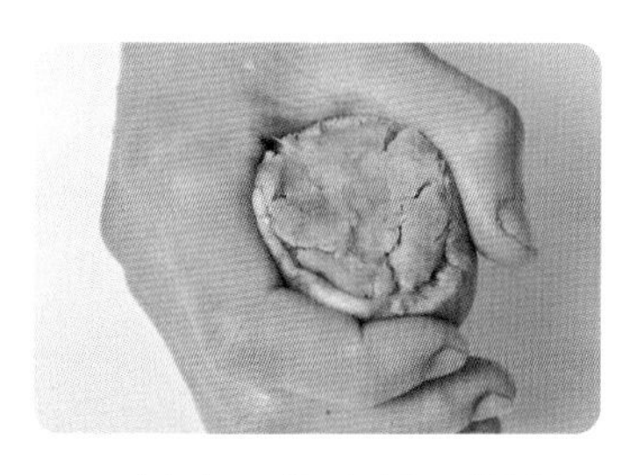

9 以虎口的力量，慢慢把內餡包裹住。

10 收口處捏緊後，將捏合處壓平，搓成橢圓形，將收口處朝下擺放。

11 可可粉加水調成膏狀，塗在表皮上，鬆弛 20 分鐘。

12 確認烤箱已達預熱溫度，入爐烘烤（見P.38）30 分鐘至底部酥脆，出爐放涼。

PART 04

蛋黃酥 / 千層酥製作 Q&A

蛋黃酥／千層酥人人愛吃，但是總擔心市售產品的原料，加上售價也不便宜，因此不少人都想自己動手做！

想要做出層次分明的蛋黃酥／千層酥並不容易，老師整理了幾個常見的問題，透過 Q&A 的方式，幫學生解惑！

Q1 為什麼我做的蛋黃酥沒有層次感？

A 這是許多人最常問的問題，但原因很多，例如溫度太高，油酥融解了。另外也有可能是擀捲的時候操作手法不當造成混酥，層次就不明顯了。

Q2 為什麼蛋黃酥裡的鹹蛋黃會白白的？

A 大部分是因為醃的時間不夠導致。

Q3 為什麼我的千層酥層次總是無法居中？

A 這是在包裹時，沒有將內餡擺在中央位置，放在虎口收口時，力量沒有把握好，這是需要多練習的技巧。

Q4 油酥總覺得很乾，沒辦法像油皮一樣軟，是無水奶油放太少嗎？

A 做油酥最重要的是比例，坊間不少是以「粉 2：油 1」的比例，如果偏硬，可以試一下書中的比例，略微增加油脂的比例，就會比較柔軟。

Q5 為什麼有的蛋黃酥表皮會破裂，有的就不會？

A 原味蛋黃酥表皮是裂好還是不裂好，見人見智。想要追求蛋黃酥表皮擁有光滑效果，請先將做好的蛋黃酥入爐烘烤 20 分鐘後取出，再刷上蛋黃液、撒上黑芝麻，然後放回烤箱繼續烘烤 15 分鐘；如果追求蛋黃酥表皮擁有自然均裂效果，入爐前就先刷上蛋黃、撒上黑芝麻粒，直接放入預熱至 180°C的烤箱，烘烤35 分鐘至表面金黃，底部酥脆，出爐完成。

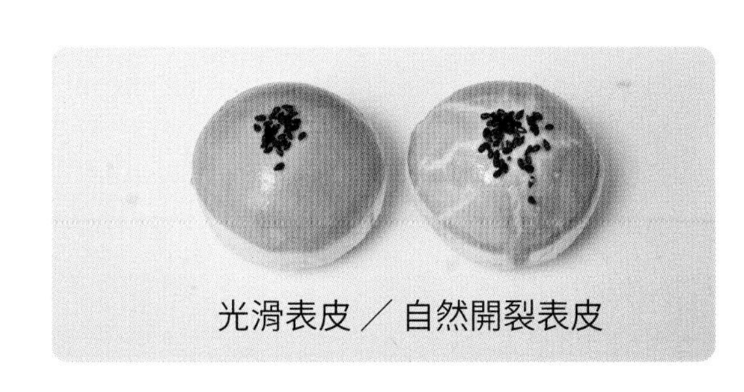

光滑表皮 ／ 自然開裂表皮

Q6 為什麼我的千層酥總是會爆餡？

A 可能的原因有內餡過度搓揉，裡面的奶油打發膨脹力過強；油皮鬆弛不足，烘烤膨脹裂開；爐溫太高，烘烤時間太久。

Q7 為什麼我的造型零件會脫落？

A 大多數是因為操作時溫度太高，油皮出油；另外黏貼時沒有抹水，配件沒有黏住；另爐溫太高，烘烤時間太久，也都是原因。

Q8 為什麼我在做第一次或是第二次擀捲時，總是會破皮？

A 做酥皮點心，建議一定要在冷氣房裡製作，室溫溫度過高，容易讓無水奶油融化，導致外皮沾黏破皮。另外，鬆弛時，一定要做好防乾保濕，以免表皮過乾，造成擀捲時破皮。

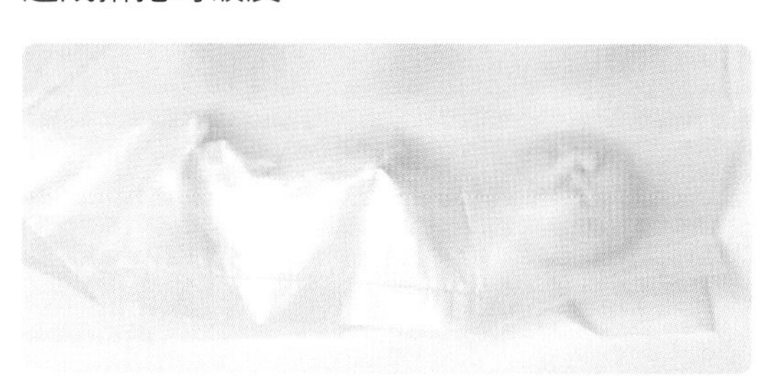

Q9 為什麼我的蛋黃酥會烤不熟？

A 烤不熟大部分的原因是溫度不足，或是烘烤時間不足及油皮太厚。記得一定要確認烤箱達到預熱溫度，烤焙的時間一定要夠，如果怕上色過快，可以用錫箔紙覆蓋。至於油皮太厚，則建議使用正確的油皮量。

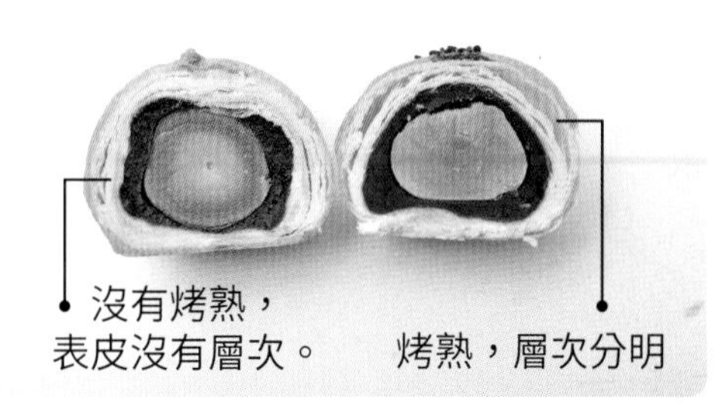

Q10 蛋黃酥／千層酥烤好要怎麼保存？

A 做完蛋黃酥／千層酥，要等它們完全涼透，才能打包保存。打包可以購買保鮮袋、密封袋，也可以採市售的禮盒加上乾燥劑。蛋黃酥可以放在常溫即可，也可以冷凍或冷藏保鮮，等要吃的時候拿出來直接在烤箱裡以 150°C烘烤 5～8 分鐘即可。

Cook50223

卡哇伊造型蛋黃酥

小資創業最讚、在家接單必會、節慶送禮首選的中式烘焙點心

作者｜王美姬
攝影｜周禎和
美術設計｜許維玲
編輯｜劉曉甄
校對｜翔縈
企畫統籌｜李橘
總編輯｜莫少閒
出版者｜朱雀文化事業有限公司
地址｜台北市基隆路二段 13-1 號 3 樓
電話｜ 02-2345-3868
傳真｜ 02-2345-3828
劃撥帳號｜ 19234566 朱雀文化事業有限公司
e-mail ｜ redbook@hibox.biz
網址｜ http://redbook.com.tw
總經銷｜大和書報圖書股份有限公司 02-8990-2588
ISBN ｜ 978-626-7064-23-8
初版一刷｜ 2022.08
定價｜ 480 元
出版登記 北市業字第 1403 號

國家圖書館出版品預行編目

卡哇伊造型蛋黃酥：小資創業最讚、在家接單必會、節慶送禮首選的中式烘焙點心／王美姬著
-- 初版. -- 臺北市：
朱雀文化，2022.08
面；公分 --（Cook50；223）
ISBN 978-626-7064-23-8（平裝）
1.點心食譜

427.16　　111011415